Deepak Reddy
Barla Madhavi
Malladi Avinash

CONCEPÇÃO E ANÁLISE DO SISTEMA DE SUSPENSÃO

CONCEPÇÃO E ANÁLISE DO SISTEMA DE SUSPENSÃO

Deepak Reddy
Barla Madhavi
Malladi Avinash

CONCEPÇÃO E ANÁLISE DO SISTEMA DE SUSPENSÃO

Um estudo exaustivo

ScienciaScripts

Imprint

Any brand names and product names mentioned in this book are subject to trademark, brand or patent protection and are trademarks or registered trademarks of their respective holders. The use of brand names, product names, common names, trade names, product descriptions etc. even without a particular marking in this work is in no way to be construed to mean that such names may be regarded as unrestricted in respect of trademark and brand protection legislation and could thus be used by anyone.

Cover image: www.ingimage.com

This book is a translation from the original published under ISBN 978-620-8-17059-2.

Publisher:
Sciencia Scripts
is a trademark of
Dodo Books Indian Ocean Ltd. and OmniScriptum S.R.L publishing group

120 High Road, East Finchley, London, N2 9ED, United Kingdom
Str. Armeneasca 28/1, office 1, Chisinau MD-2012, Republic of Moldova, Europe
Printed at: see last page
ISBN: 978-620-8-24975-5

Sr. S.DeepakReddy

Dr.B.Madhavi

Dr. M. Avinash

CONCEPÇÃO E ANÁLISE DO SISTEMA DE SUSPENSÃO

CONCEPÇÃO E ANÁLISE DO SISTEMA DE SUSPENSÃO

S.Deepak Reddy

Estudante de pós-graduação Departamento de Engenharia Mecânica

Faculdade de Ciências e Tecnologia, Fundação ICFAI para o Ensino Superior, Hyderabad, Índia.

Dr.B.Madhavi

Professor assistente,

Departamento de Engenharia Mecânica

Faculdade de Ciências e Tecnologia, Fundação ICFAI para o Ensino Superior,
Hyderabad, Índia.

Dr. M. Avinash

Professor Associado, Departamento de Engenharia Mecânica

Faculdade de Ciências e Tecnologia, Fundação ICFAI para o Ensino Superior, Hyderabad, Índia.

RECONHECIMENTO

Sinto-me privilegiado e feliz por trabalhar sob a orientação do meu professor, ***Dr. M.L. Pavan Kishore***, que me deu a oportunidade de realizar este projeto e me proporcionou aconselhamento profissional e inspiração criativa para o realizar e apresentar o trabalho a tempo. Estou muito grato pela orientação, pelo encorajamento entusiástico e pelas críticas úteis durante o planeamento e o desenvolvimento das minhas competências e deste projeto. As suas valiosas sugestões e a confiança que depositaram em mim, juntamente com o apoio constante dos meus pais, levaram-me a esforçar-me mais para realizar este projeto com êxito.

AUTOR

S.Deepak Reddy

Conteúdo

Resumo

No coração do conforto e da estabilidade do veículo está o engenhoso sistema de suspensão, uma maravilha da engenharia concebida para absorver e atenuar as vibrações resultantes da topografia variada das superfícies das estradas. Este mecanismo sofisticado desempenha o seu papel crucial, mantendo o equilíbrio do veículo, a precisão da direção e a capacidade geral de condução. No domínio dos veículos ligeiros, as molas helicoidais ocupam frequentemente o lugar central como elemento de suspensão preferido. As molas, esses notáveis repositórios de energia mecânica, possuem uma elasticidade inerente que lhes permite deformar-se sob forças aplicadas - seja através de torção, tração ou alongamento - e regressar graciosamente à sua configuração original assim que a força se dissipa. Este estudo tem como objetivo realizar uma análise abrangente da capacidade de carga das molas de suspensão em veículos ligeiros, explorando o potencial de vários materiais. A nossa investigação aprofunda-se num estudo comparativo, modelando e analisando meticulosamente molas de suspensão primárias fabricadas a partir de dois materiais distintos: aço estrutural de baixo carbono e aço cromo-vanádio. Através deste exame rigoroso, pretendemos elucidar os parâmetros de conceção ideais para cada material. Os resultados preliminares revelam reduções promissoras tanto na tensão global como na deflexão da mola para os materiais selecionados, sugerindo potenciais melhorias no desempenho da suspensão.

O comportamento dinâmico de um sistema de suspensão pode ser descrito de forma elegante através de equações de movimento que englobam dois graus de liberdade. Estas equações captam a complexidade do sistema, definindo duas coordenadas espaciais independentes: movimento retilíneo e movimento rotativo. Por uma questão de simplicidade analítica, consideramos que estes movimentos obedecem a princípios harmónicos simples, reconhecendo a presença de acoplamento estático e ignorando os efeitos do acoplamento dinâmico. As secções subsequentes deste relatório elucidarão os meandros do funcionamento do sistema de suspensão e os processos de produção, fornecendo uma visão abrangente deste aspeto fascinante da engenharia automóvel.

Palavras-chave: Suspensão de veículos, Absorção de vibrações, Molas helicoidais, Análise de materiais, Redução de tensões, Graus de liberdade, Movimento harmónico.

1.1. Suspensão

A suspensão é o sistema de pneus, ar dos pneus, molas, amortecedores e ligações que liga um veículo às suas rodas e permite o movimento relativo entre os dois. Os sistemas de suspensão têm de suportar tanto a aderência à estrada como a qualidade da condução, que estão em contradição. A afinação das suspensões implica encontrar o compromisso correto. É importante que a suspensão mantenha a roda de estrada em contacto com a superfície da estrada tanto quanto possível, porque todas as forças da estrada ou do solo que actuam sobre o veículo fazem-no através das superfícies de contacto dos pneus. A suspensão também protege o próprio veículo e qualquer carga ou bagagem contra danos e desgaste. A conceção das suspensões dianteira e traseira de um automóvel pode ser diferente.

1.2. História

Uma das primeiras formas de suspensão dos carros puxados por bois consistia em fazer oscilar a plataforma em correntes de ferro presas à estrutura com rodas do carro. Este sistema continuou a ser a base de todos os sistemas de suspensão até à viragem do século XIX, embora as correntes de ferro tenham sido substituídas pela utilização de correias de couro no século XVII. Nenhum automóvel moderno utiliza o sistema de "suspensão por correias". Os automóveis foram inicialmente desenvolvidos como versões autopropulsionadas de veículos puxados por cavalos. No entanto, os veículos puxados por cavalos tinham sido concebidos para velocidades relativamente baixas e a sua suspensão não era adequada para as velocidades mais elevadas permitidas pelo motor de combustão interna. A primeira suspensão de mola viável exigia conhecimentos e competências metalúrgicas avançadas e só se tornou possível com o advento da industrialização. Obadiah Elliott registou a primeira patente para um veículo com suspensão por molas; - cada roda tinha duas molas de aço duráveis de cada lado e o corpo da carruagem era fixado diretamente às molas que estavam ligadas aos eixos. No espaço de uma década, a maioria das carruagens de cavalos britânicas estava equipada com molas; molas de madeira no caso dos veículos ligeiros de um só cavalo, para evitar impostos, e molas de aço nos veículos maiores. Estas eram frequentemente feitas de aço com baixo teor de carbono e assumiam geralmente a forma de molas de lâminas com várias camadas. As molas de lâmina existem desde os primeiros egípcios. Os antigos engenheiros militares utilizavam molas de lâmina sob a forma de arcos para alimentar os seus motores de cerco, inicialmente com pouco sucesso. A utilização de molas de lâminas em catapultas foi mais tarde aperfeiçoada e tornada funcional anos mais tarde. As molas não eram apenas feitas de metal, um ramo de árvore robusto podia ser utilizado como mola, tal como num arco. As carruagens puxadas por cavalos e o Ford Modelo T utilizavam este sistema, que ainda hoje é utilizado em veículos de maiores dimensões, principalmente na suspensão traseira.

Este foi o primeiro sistema de suspensão moderno e, juntamente com os avanços na construção de estradas, anunciou a maior melhoria no transporte rodoviário até ao advento do automóvel. As molas de aço britânicas não eram adequadas para serem utilizadas nas estradas acidentadas da América da época, pelo que a Abbot-Downing Company de Concord, New Hampshire reintroduziu a suspensão por correias de couro, que proporcionava um movimento de oscilação em vez do movimento de subida e descida de uma suspensão por molas. Em 1901, a Mors de Paris equipou pela primeira vez um automóvel com amortecedores. Com a vantagem de um sistema de suspensão amortecida na sua "Máquina Mors", Henri Fournier venceu a prestigiada corrida Paris-Berlim em 20 de junho de 1901. O tempo superior de Fournier foi de 11 horas e 46 minutos e 10 segundos, enquanto o melhor concorrente foi Léonce Girardot, num Panhard, com um tempo de 12 horas e 15 minutos e 40 segundos. As molas helicoidais apareceram pela primeira vez num veículo de produção em 1906, no Brush Runabout fabricado pela Brush Motor Company. Atualmente, as molas helicoidais são utilizadas na maioria dos automóveis. Em 1920, a Leyland Motors utilizou barras de torção num sistema de suspensão. Em 1922, a suspensão dianteira independente foi introduzida pela primeira vez no Lancia Lambda e tornou-se mais comum nos automóveis do mercado de massas a partir de 1932. Atualmente, a maioria dos automóveis tem suspensão independente nas quatro rodas. Em 2002, Malcolm C. Smith inventou um novo componente de suspensão passiva, o inertizador. Este componente tem a capacidade de aumentar a inércia efectiva de uma suspensão de rodas utilizando um volante com engrenagens, mas sem acrescentar massa significativa. Foi inicialmente utilizado em segredo na Fórmula 1, mas desde então estendeu-se a outros desportos motorizados.

1.3 Diferenciação entre suspensão traseira e suspensão dianteira

Qualquer veículo de quatro rodas necessita de suspensão para as rodas dianteiras e para a suspensão traseira, mas nos veículos de duas rodas motrizes estas configurações podem ser muito diferentes. Nos veículos de tração dianteira, a suspensão traseira tem poucas restrições e é utilizada uma variedade de eixos de viga e suspensões independentes. Nos veículos de tração traseira, a suspensão traseira tem muitos condicionalismos e tem sido difícil desenvolver uma configuração de suspensão independente superior, mas mais dispendiosa. A tração às quatro rodas tem frequentemente suspensões semelhantes para as rodas dianteiras e traseiras.

1.4 Taxas de mola, roda e rolamento

A taxa de mola (ou taxa de suspensão) é um componente na definição da altura de deslocação do veículo ou da sua localização no curso da suspensão. Quando uma mola é comprimida ou esticada, a força que exerce é proporcional à alteração do seu comprimento. A taxa de mola ou constante de mola de uma mola é a alteração na força que exerce, dividida pela alteração na deflexão da mola. Os veículos que transportam cargas pesadas têm frequentemente molas mais pesadas para compensar o peso adicional que, de outra forma, faria o veículo cair para o fundo do seu curso (curso). As molas mais pesadas também são utilizadas em aplicações de desempenho em que as condições de carga são mais extremas. As molas demasiado duras ou demasiado moles tornam a suspensão ineficaz porque não conseguem isolar corretamente o veículo da estrada. Os veículos que normalmente sofrem cargas de suspensão mais pesadas do que o normal têm molas pesadas ou duras com uma taxa de mola próxima do limite superior para o peso do veículo. Isto permite que o veículo tenha um desempenho adequado sob uma carga pesada quando o controlo é limitado pela inércia da carga. Andar num camião vazio utilizado para transportar cargas pode ser desconfortável para os passageiros devido à sua elevada taxa de mola em relação ao peso do veículo. Um carro de corrida também pode ser descrito como tendo molas pesadas e também seria desconfortavelmente acidentado. No entanto, apesar de dizermos que ambos têm molas pesadas, as taxas reais das molas de um carro de corrida de 910 kg e de um camião de 4 500 kg são muito diferentes. Um automóvel de luxo, um táxi ou um autocarro de passageiros seriam descritos como tendo molas macias. Os veículos com molas gastas ou danificadas andam mais baixo em relação ao solo, o que reduz a quantidade total de compressão disponível para a suspensão e aumenta a inclinação da carroçaria. Os veículos de desempenho podem, por vezes, ter requisitos de taxa de mola para além do peso e da carga do veículo.

1.5 Matemática da taxa de mola

A taxa de mola é um rácio utilizado para medir a resistência de uma mola a ser comprimida ou expandida durante a deflexão da mola. A magnitude da força da mola aumenta à medida que a deflexão aumenta, de acordo com a Lei de Hooke. Resumidamente, isto pode ser afirmado

onde

F é a força que a mola exerce

k é a taxa de elasticidade da mola.

x é a deflexão da mola relativamente à sua posição de equilíbrio (isto é, quando não é aplicada qualquer força na mola)

O sinal negativo indica que a direção da força aplicada e a força exercida pela mola são opostas. A taxa da mola é limitada a um intervalo estreito pelo peso do veículo, pela carga que o veículo irá suportar e, em menor grau, pela geometria da suspensão e pelos desejos de desempenho.

As taxas de mola têm normalmente unidades de N/mm (ou lbf/in). Um exemplo de uma taxa de mola linear é 500 lbf/in. Por cada polegada que a mola é comprimida, exerce 500 lbf. Uma taxa de mola não linear é aquela para a qual a relação entre a compressão da mola e a força exercida não pode ser ajustada adequadamente a um modelo linear.

Por exemplo, a primeira polegada exerce uma força de 500 lbf, a segunda polegada exerce mais 550 lbf (para um total de 1050 lbf), a terceira polegada exerce mais 600 lbf (para um total de 1650 lbf). Em contraste, uma mola linear de 500 lbf/in comprimida a 3 polegadas exercerá apenas 1500 lbf. A taxa de mola de uma mola helicoidal pode ser calculada por uma equação algébrica simples ou pode ser medida numa máquina de ensaio de molas. A constante da mola k pode ser calculada da seguinte forma:em que d é o diâmetro do fio, G é o módulo de corte da mola (por exemplo, cerca de 12.000.000 lbf/in² ou 80 GPa para o aço), N é o número de enrolamentos e D é o diâmetro da bobina.

1.6 Roda

A taxa da roda é a taxa efectiva da mola quando medida na roda. Isto é o oposto da simples medição da taxa da mola. A taxa da roda é normalmente igual ou consideravelmente inferior à taxa da mola. Normalmente, as molas são montadas em braços de controlo, braços oscilantes ou qualquer outro membro pivotante da suspensão. Considere o exemplo acima, em que a taxa da mola foi calculada em 500 lbs/inch (87,5 N/mm), se mover a roda 1 in (2,5 cm) (sem mover o automóvel), a mola comprime muito provavelmente uma quantidade menor. Vamos supor que a mola se moveu 0,75 in (19 mm), a relação do braço de alavanca seria de 0,75:1. A taxa da roda é calculada tomando o quadrado do rácio (0,5625) vezes a taxa da mola, obtendo-se assim 281,25 lbs/inch (49,25 N/mm). O quadrado do rácio deve-se ao facto de o rácio ter dois efeitos sobre a taxa de roda. O rácio aplica-se tanto à força como à distância percorrida. A taxa de roda numa suspensão independente é bastante simples. No entanto, é necessário ter especial atenção a alguns modelos de suspensão não independentes. Vejamos o caso do eixo reto. Quando vista de frente ou de trás, a taxa de velocidade da roda pode ser medida pelos meios acima referidos. No entanto, como as rodas não são independentes, quando vistas de lado, em aceleração ou travagem, o ponto de articulação está no infinito (porque ambas as rodas se moveram) e a mola está diretamente em linha com a área de contacto da roda. O resultado é que, muitas vezes, a taxa de roda efectiva em curva é diferente da que existe em aceleração e travagem. Esta variação na taxa de roda pode ser minimizada através da localização da mola o mais próximo possível da roda. As taxas de roda são normalmente somadas e comparadas com a massa da mola de um veículo para criar uma "taxa de condução" e a correspondente frequência natural da suspensão em condução (também referida como "heave"). Isto pode ser útil para criar uma métrica para a rigidez da suspensão e requisitos de curso para um veículo.

1.7 Taxa de rolagem

A velocidade de rolamento é análoga à velocidade de deslocação de um veículo, mas para acções que incluem acelerações laterais, fazendo com que a massa suspensa de um veículo role em torno do seu eixo de rolamento. É expressa como binário por grau de rolamento da massa suspensa do veículo. É influenciada por factores que incluem, entre outros, a massa suspensa do veículo, a largura da via, a altura do CG, as taxas das molas e dos amortecedores, as alturas dos centros de rolamento da frente e da retaguarda, a rigidez da barra estabilizadora e a pressão/construção dos pneus. A velocidade de rolamento de um veículo pode diferir, e normalmente difere, da frente para a retaguarda, o que permite a afinação de um veículo para um comportamento transitório e em estado estacionário. A taxa de rolamento de um veículo não altera a quantidade total de transferência de peso no veículo, mas altera a velocidade e a percentagem de peso transferido de um determinado eixo para outro eixo através do chassis do veículo. De um modo geral, quanto mais elevada for a velocidade de rolamento num eixo de um veículo, mais rápida e mais elevada será a percentagem de transferência de peso nesse eixo.

O livro de Gillespie etal. [1] é um texto fundamental sobre os princípios da dinâmica automóvel, centrando-se na análise física e matemática da forma como os veículos se movem. Gillespie aborda temas como o comportamento dos pneus, a dinâmica da suspensão, o conforto de condução e a estabilidade. O livro fornece uma estrutura detalhada para os engenheiros compreenderem e optimizarem o desempenho dos veículos em várias condições. É amplamente considerado pela sua abordagem prática, tornando-o acessível tanto a estudantes como a profissionais. A ênfase nas aplicações do mundo real tornou-o uma referência fundamental no domínio da engenharia automóvel. Dixon, etal. [2] é um guia completo sobre amortecedores e o seu papel nos sistemas de suspensão de veículos. Abrange a conceção, o funcionamento e as caraterísticas de desempenho de diferentes tipos de amortecedores, incluindo modelos teóricos e aplicações práticas. O livro é amplamente reconhecido pelo seu tratamento aprofundado da dinâmica dos amortecedores, incluindo a geração de força de amortecimento, a dissipação de calor e a otimização da qualidade da condução. Dixon também aborda métodos de teste e os mais recentes avanços tecnológicos na conceção de amortecedores. Este recurso é inestimável para os engenheiros da indústria automóvel que se dedicam ao conforto e à condução de veículos.

Reimpell etal. [3] é uma análise pormenorizada da engenharia de chassis de automóveis, com ênfase na integração dos sistemas de suspensão, direção e travagem. Reimpell, Stoll e Betzler exploram os princípios mecânicos subjacentes à conceção do chassis, centrando-se na otimização da estabilidade, da manobrabilidade e do conforto do veículo. Os autores fornecem uma análise exaustiva dos sistemas de suspensão modernos, incluindo concepções passivas, semi-activas e activas. O livro inclui estudos de caso e exemplos práticos para demonstrar o impacto das várias opções de design no desempenho do veículo. É uma referência fundamental para qualquer pessoa envolvida no desenvolvimento de chassis e suspensões. Sharp etal. [4]. Este documento apresenta uma análise abrangente dos sistemas de suspensão ativa, discutindo o seu desenvolvimento, estratégias de controlo e benefícios em termos de desempenho. Sharp e Hassan centram-se nos desafios técnicos da implementação de suspensões activas, tais como a necessidade de controlo em tempo real e o equilíbrio entre o conforto de condução e a manobrabilidade. O documento abrange vários algoritmos de controlo, incluindo abordagens lineares e não lineares, e compara sistemas passivos, semi-activos e totalmente activos. Destaca o potencial das suspensões activas para melhorar significativamente a estabilidade do veículo e o conforto dos passageiros. A revisão é um recurso valioso para compreender o estado da arte da tecnologia de suspensão durante o final do século XX.

O livro de Wong etal. [5] é uma referência bem conhecida para a dinâmica de veículos terrestres, abrangendo uma vasta gama de tópicos, incluindo sistemas de suspensão, mecânica de pneus e controlo de veículos. A terceira edição deste texto clássico oferece uma mistura equilibrada de teoria e exemplos práticos, tornando-o útil tanto para aplicações académicas como industriais. Wong aborda a interação entre a conceção da suspensão e o desempenho global do veículo, incluindo a qualidade da condução, a estabilidade e a tração. O livro fornece modelos matemáticos pormenorizados para analisar o comportamento do veículo em várias condições de funcionamento. Continua a ser um recurso crucial para a compreensão dos princípios da dinâmica automóvel. Duym etal. [6] explora os avanços na modelação e conceção de sistemas de suspensão, centrando-se em técnicas de simulação para otimizar o desempenho. Duym discute a utilização de dinâmicas multicorpos e algoritmos de controlo para melhorar a eficiência dos sistemas de suspensão em tempo real. O artigo abrange suspensões passivas e activas, com especial ênfase na modelação preditiva e na validação através de dados experimentais. O trabalho de Duym realça a importância de modelos precisos para otimizar o conforto de condução, o comportamento e a estabilidade dos veículos modernos. Este estudo é essencial para os engenheiros interessados na conceção de suspensões com base na simulação.

O trabalho de Karnopp etal. [7] centra-se no papel dos sistemas de suspensão ativa no aumento da estabilidade e controlo do veículo, especialmente em condições de condução difíceis. O livro apresenta uma análise pormenorizada da forma como as suspensões activas podem atenuar a rolagem, a inclinação e a guinada da carroçaria, conduzindo a uma maior segurança e conforto. Karnopp também explora a interação entre os sistemas de suspensão ativa e outras tecnologias de controlo do veículo, como os travões anti-bloqueio e o controlo de tração. O trabalho oferece informações sobre os fundamentos teóricos e as aplicações práticas das suspensões activas, o que o torna valioso para os engenheiros que trabalham em dinâmica avançada de veículos. Wang, etal. [8] Este documento aborda as tendências emergentes nos sistemas de suspensão de veículos, com destaque para os materiais inteligentes e as tecnologias adaptativas. Wang e Huston exploram o potencial dos materiais inteligentes, como os fluidos magneto-reológicos e electro-reológicos, para criar sistemas de suspensão semi-activos que se adaptam às condições da estrada em constante mudança. Os autores também analisam os avanços nas estratégias de controlo para suspensões activas e semi-activas, destacando a mudança para concepções mais reactivas e eficientes em termos energéticos. Esta análise fornece uma visão geral das tecnologias de suspensão mais avançadas no virar do século XXI, realçando a inovação em materiais e sistemas de controlo.

O livro de Rajamani etal. [9] é um guia completo sobre a dinâmica dos veículos, com especial ênfase nos sistemas de controlo para melhorar a estabilidade e a manobrabilidade. Abrange uma vasta gama de tópicos, incluindo a conceção da suspensão, as forças dos pneus e o papel dos sistemas de controlo eletrónico nos veículos modernos. O livro fornece modelos matemáticos detalhados e simulações para ilustrar a forma como os sistemas de controlo interagem com componentes mecânicos, como as suspensões, para otimizar o desempenho. Rajamani também explora a integração de sistemas avançados de assistência ao condutor (ADAS) com o controlo da dinâmica do veículo, tornando este livro um recurso valioso para os engenheiros que trabalham em veículos autónomos e semi-autónomos. Dixon etal. [10] descreve uma exploração aprofundada das técnicas computacionais utilizadas para conceber e analisar sistemas de suspensão de veículos. Dixon fornece explicações pormenorizadas sobre como modelar componentes de suspensão e simular o seu comportamento em várias condições, utilizando métodos analíticos e numéricos. O texto abrange uma gama de tipos de suspensão, desde os sistemas passivos tradicionais até às modernas concepções activas e semi-activas. Dixon também salienta a importância de otimizar a geometria e a rigidez da suspensão para alcançar o equilíbrio desejado entre o conforto de condução e o comportamento. Este livro é uma referência fundamental para qualquer pessoa envolvida nos aspectos computacionais do projeto de suspensão. Sharp, etal. [11] Este artigo explora o projeto e a otimização de sistemas de suspensão ativa linear, centrando-se nas melhorias de desempenho em termos de conforto de condução e manobrabilidade. Os autores propõem uma estrutura para otimizar os parâmetros da suspensão utilizando a teoria do controlo linear quadrático. Destacam os compromissos entre a qualidade da condução e a estabilidade do veículo, fornecendo modelos matemáticos para demonstrar os benefícios das suspensões activas. O estudo inclui simulações que comparam sistemas activos e passivos, mostrando ganhos de desempenho significativos com a utilização do controlo ativo. Constitui uma referência crucial para os engenheiros que desenvolvem tecnologias de suspensão da próxima geração.

Crolla etal. [12] analisa as principais inovações nos sistemas de suspensão automóvel, desde os modelos passivos aos semi-activos e totalmente activos. O artigo destaca os avanços nos materiais, nas tecnologias de amortecimento e nas estratégias de controlo que deram forma aos sistemas de suspensão modernos. Crolla aborda a integração de unidades de controlo eletrónico (ECU) e actuadores inteligentes, que permitem o ajuste em tempo real dos parâmetros da suspensão. O autor aborda igualmente a importância crescente dos sistemas de suspensão nos veículos eléctricos e autónomos. O documento oferece uma visão global da forma como as inovações tecnológicas estão a melhorar a dinâmica dos veículos. Segel's etal. [13] apresenta uma análise aprofundada da dinâmica dos veículos, centrando-se na forma como os veículos interagem com as superfícies e as vias rodoviárias. O texto abrange uma vasta gama de tópicos, incluindo a interação pneu-estrada, o comportamento da suspensão e a estabilidade do veículo. Segel apresenta modelos matemáticos para explicar as respostas dinâmicas em várias condições de condução, como as curvas e a travagem. O livro é valioso para compreender o papel crítico dos sistemas de suspensão na manutenção da estabilidade e do desempenho de condução. É amplamente utilizado por investigadores e profissionais no domínio da dinâmica automóvel.

O livro de Pacejka [14] é um trabalho seminal sobre a dinâmica dos pneus e o seu impacto no comportamento global do veículo. A segunda edição abrange a interação entre pneus, sistemas de suspensão e superfícies de estrada, fornecendo modelos matemáticos detalhados para simular o comportamento dos pneus em várias condições. Pacejka realça a importância de compreender as forças dos pneus na conceção de sistemas de suspensão eficazes, especialmente para otimizar a tração e o comportamento. O livro também aborda os avanços modernos na tecnologia dos pneus e as suas implicações para a conceção da suspensão. Continua a ser um recurso fundamental para os engenheiros automóveis que se dedicam à dinâmica dos veículos. Shirley, etal. [15] investiga as estratégias de controlo utilizadas nos sistemas de suspensão ativa, centrando-se nos ajustamentos em tempo real para melhorar o conforto de condução e a manobrabilidade. Shirley apresenta uma abordagem baseada em modelos para o controlo da suspensão, salientando as vantagens da utilização de circuitos de feedback para ajustar a rigidez e o amortecimento da suspensão. O documento compara sistemas de suspensão passivos, semi-activos e totalmente activos, realçando o desempenho superior dos sistemas activos em ambientes dinâmicos. As simulações são utilizadas para demonstrar as vantagens do controlo ativo na redução do rolamento da carroçaria e na melhoria da estabilidade do veículo. Este trabalho é essencial para compreender os aspectos de controlo da conceção da suspensão. O livro de Dixon [16] apresenta uma análise exaustiva dos sistemas de suspensão ativa, centrando-se no seu papel na melhoria da qualidade da condução e do comportamento do veículo. O texto explora a dinâmica das suspensões semi-activas e totalmente activas, fornecendo modelos matemáticos detalhados e estratégias de controlo para funcionamento em tempo real. Dixon discute os benefícios das suspensões activas em várias condições de condução, tais como estradas irregulares ou curvas a alta velocidade. O livro abrange também os recentes avanços nos sistemas de controlo eletrónico e nos actuadores inteligentes. Trata-se de um guia completo para engenheiros que projectam sistemas de suspensão modernos.

Duym, etal. [17] Este documento explora abordagens baseadas em modelos para o controlo da suspensão de veículos, centrando-se na melhoria do conforto de condução e do comportamento através de ajustes em tempo real. Duym apresenta algoritmos de controlo avançados que prevêem o comportamento do veículo e optimizam a resposta da suspensão em conformidade. O documento salienta a importância de uma modelização precisa na conceção de estratégias de controlo para sistemas de suspensão passivos e activos. Duym também discute a integração destes sistemas de controlo com outras tecnologias de veículos, como o controlo de estabilidade e os sistemas de travagem antibloqueio. O estudo fornece informações valiosas sobre o futuro da conceção de suspensões inteligentes. Mousa, [18] O documento de Mousa examina os sistemas de suspensão adaptativos que ajustam o seu comportamento com base na alteração das condições da estrada e na dinâmica da condução. O estudo centra-se no desenvolvimento de estratégias de controlo que permitem a adaptação em tempo real, melhorando o conforto de condução e a estabilidade do veículo. Mousa compara os sistemas passivos tradicionais com as suspensões adaptativas modernas, mostrando as vantagens significativas destas últimas em termos de reatividade e desempenho. O documento também discute a utilização de materiais e sensores inteligentes na conceção de suspensões adaptativas. Esta investigação é fundamental para os engenheiros que trabalham em sistemas de suspensão de veículos da próxima geração.

O artigo de Crolla etal. [19] discute a integração de sistemas de suspensão ativa com sistemas de controlo da dinâmica do veículo, como o controlo da tração e da estabilidade. O artigo salienta o papel das suspensões activas na melhoria do desempenho do veículo em várias condições de condução, incluindo curvas e travagens. Crolla também explora os desafios da implementação destes sistemas, tais como o controlo em tempo real e a necessidade de sensores e actuadores de elevado desempenho. O artigo apresenta uma panorâmica abrangente da forma como as suspensões activas melhoram a segurança e o conforto dos veículos modernos. Trata-se de uma referência importante para compreender a interação entre os sistemas de suspensão e o controlo da dinâmica dos veículos. Duym, etal. [20] analisa a conceção e aplicação de sistemas de suspensão inteligentes, centrando-se na integração de algoritmos de controlo avançados e materiais inteligentes. Duym e Delbeke exploram a forma como as suspensões inteligentes se podem adaptar à evolução das condições da estrada e à dinâmica da condução em tempo real. O documento destaca o papel dos sensores e actuadores na obtenção de um desempenho ótimo da suspensão, particularmente em termos de conforto de condução e manuseamento. Os autores debatem também as tendências futuras na conceção de suspensões, incluindo a utilização da inteligência artificial e da aprendizagem automática. Este estudo é um recurso fundamental para os interessados no futuro dos sistemas de suspensão de veículos. Tseng, etal. [21] explora o desenvolvimento de sistemas de suspensão electromecânicos concebidos especificamente para veículos eléctricos (VE). Tseng e Jain discutem os desafios únicos enfrentados pelos VE, como a distribuição do peso devido à colocação da bateria, e a forma como as suspensões electromecânicas podem atenuar estes problemas. Os autores destacam as vantagens destes sistemas, incluindo a recuperação de energia e a melhoria da dinâmica do veículo. Apresentam também resultados de simulações que demonstram o potencial para melhorar o conforto e a estabilidade da condução. Este trabalho é importante para o avanço da conceção da suspensão no sector dos veículos eléctricos, em rápido crescimento. O livro de Bose [22] apresenta uma panorâmica abrangente dos sistemas de suspensão ativa e semi-ativa, centrando-se no seu impacto na dinâmica do veículo. O texto abrange os princípios de conceção, as estratégias de controlo e as caraterísticas de desempenho destes sistemas, salientando as vantagens da adaptabilidade em tempo real. Bose aborda a utilização de sensores e actuadores para otimizar o conforto de condução e o manuseamento, apresentando vários algoritmos de controlo e resultados de simulações. O livro também explora a integração de sistemas de suspensão com outras tecnologias de controlo da dinâmica de veículos. Trata-se de uma referência fundamental para os engenheiros que trabalham em sistemas de suspensão avançados. Goh, etal. [23] debruça-se sobre a aplicação da inteligência artificial (IA) em sistemas de controlo de suspensão adaptativos em tempo real. Goh e Wang exploram a utilização de algoritmos de aprendizagem automática para prever as condições da estrada e otimizar as definições da suspensão de forma dinâmica. Os autores apresentam um estudo de caso que demonstra como os sistemas baseados em IA podem melhorar significativamente o conforto de condução e o comportamento em comparação com os sistemas tradicionais. O documento também destaca o potencial da IA para revolucionar o design da suspensão, permitindo a aprendizagem e a adaptação contínuas. Esta investigação é um passo fundamental para o futuro das suspensões de veículos inteligentes e autónomos. Kuznetsov, etal. [24] Kuznetsov e Bobrovsky analisam as tendências actuais dos sistemas de suspensão adaptativos, centrando-se nos últimos avanços tecnológicos e nas direcções futuras. O documento discute o papel dos materiais inteligentes, dos algoritmos de controlo avançados e das tecnologias de sensores na melhoria do desempenho da suspensão. Os autores também exploram os desafios da implementação de sistemas adaptativos em veículos do mercado de massas, incluindo o custo e a complexidade. O estudo fornece informações sobre o futuro dos sistemas de suspensão adaptativa, destacando o seu potencial para melhorar o conforto de condução e a dinâmica do veículo. Esta análise é essencial para compreender a evolução do panorama da conceção da suspensão. Montgomery, etal. [25] Este documento examina o papel dos sistemas de suspensão ativa em veículos eléctricos e autónomos, centrando-se na sua capacidade de melhorar o conforto de condução, a estabilidade e a segurança. Montgomery e colegas exploram a integração de suspensões activas com outras tecnologias de condução autónoma, tais como sensores e inteligência artificial. O documento apresenta estudos de caso que demonstram como as suspensões activas podem melhorar a dinâmica do veículo em condições de condução difíceis. Os autores também discutem os desafios da implementação destes sistemas em veículos autónomos e eléctricos, incluindo o consumo de energia e o controlo em tempo real. Este estudo é fundamental para o avanço da tecnologia de suspensão no espaço dos veículos autónomos.Hossain, etal. [26] O artigo de revisão de Hossain e Rahman centra-se no desenvolvimento de sistemas de suspensão electromecânicos para veículos autónomos. Os autores discutem as vantagens destes sistemas, incluindo a melhoria da eficiência energética, o controlo de precisão e a integração com tecnologias de condução autónoma. Também exploram os desafios da implementação de suspensões electromecânicas, como o custo e a fiabilidade em condições reais. O documento apresenta uma panorâmica abrangente do estado atual da investigação nesta área e destaca direcções futuras. Esta revisão é um recurso valioso para investigadores e engenheiros que trabalham em suspensões de veículos autónomos. Vazquez, etal. [27] O livro de Vazquez e Fernandez aborda os desafios de conceção associados aos sistemas de suspensão da próxima geração para veículos autónomos. O texto explora os requisitos únicos da condução autónoma, incluindo a necessidade de sensores avançados, controlo em tempo real e maior conforto de condução. Os autores apresentam várias soluções de design, incluindo suspensões activas e semi-activas, e a sua integração com sistemas de controlo de veículos autónomos. O livro também aborda o impacto destes sistemas na segurança e estabilidade do veículo. Trata-se de um recurso abrangente para os engenheiros que trabalham no futuro da conceção de suspensões para veículos autónomos.Mallela, etal. [28] Este documento explora a utilização de sistemas de suspensão activos e preditivos em sistemas de condução automatizados, centrando-se na sua capacidade de melhorar a estabilidade e o conforto do veículo. Mallela e He discutem algoritmos preditivos que antecipam as condições da estrada e ajustam as definições da suspensão em tempo real. O documento apresenta resultados de simulação que mostram como as suspensões preditivas podem melhorar a qualidade da condução e reduzir o movimento da carroçaria em veículos automatizados. Os autores também exploram os desafios da implementação destes sistemas, tais como o controlo em tempo real e o consumo de energia. Este estudo é essencial para o avanço da tecnologia de suspensão na condução automatizada. Lang, etal. [29] O livro de Lang centra-se na conceção de sistemas de suspensão inteligentes, que utilizam sensores avançados e algoritmos de controlo para se adaptarem às alterações das condições da estrada em tempo real. O texto aborda os princípios da conceção de suspensões inteligentes, incluindo a integração de unidades de controlo eletrónico e actuadores inteligentes. Lang também aborda os benefícios das suspensões inteligentes em termos de conforto de condução, manuseamento e eficiência energética. O livro fornece estudos de casos e exemplos práticos para ilustrar as vantagens de desempenho destes sistemas. Trata-se de uma referência fundamental para os engenheiros que trabalham no desenvolvimento de sistemas de suspensão inteligentes. Bose. etal. [30] O livro de Bose apresenta uma visão global dos sistemas de suspensão avançados, centrando-se na sua aplicação em veículos eléctricos e autónomos. O texto aborda os princípios de conceção das suspensões activas, semi-activas e adaptativas, bem como a sua integração em arquitecturas de veículos eléctricos e tecnologias de condução autónoma. Bose também aborda os desafios únicos colocados pelos grupos motopropulsores eléctricos e sensores autónomos e a forma como os sistemas de suspensão podem ser optimizados para responder a estas exigências. O livro apresenta estudos de caso e simulações para demonstrar os potenciais ganhos de desempenho. Trata-se de uma referência fundamental para todos os que estão envolvidos no futuro da conceção de suspensões de veículos.

Capítulo-3-Transferência de peso

A transferência de peso durante as curvas, a aceleração ou a travagem é normalmente calculada por roda individual e comparada com os pesos estáticos das mesmas rodas. A quantidade total de transferência de peso é afetada apenas por quatro factores: a distância entre os centros das rodas (distância entre eixos no caso da travagem, ou largura da via no caso das curvas), a altura do centro de gravidade, a massa do veículo e a quantidade de aceleração experimentada. A velocidade a que ocorre a transferência de peso e através de que componentes é complexa e é determinada por muitos factores, incluindo, entre outros, a altura do centro de rolamento, as taxas das molas e dos amortecedores, a rigidez da barra estabilizadora e a conceção cinemática das ligações da suspensão. Na maioria das aplicações convencionais, quando o peso é transferido através de elementos intencionalmente flexíveis, tais como molas, amortecedores e barras estabilizadoras, diz-se que a transferência de peso é "elástica", enquanto o peso que é transferido através de ligações de suspensão mais rígidas, tais como braços em A e biqueiras, diz-se que é "geométrica".

3.1 Transferência de peso não suspenso

A transferência de peso não suspenso é calculada com base no peso dos componentes do veículo que não são suportados pelas molas. Isto inclui pneus, rodas, travões, eixos, metade do peso do braço de controlo e outros componentes. Estes componentes são então (para efeitos de cálculo) assumidos como estando ligados a um veículo com peso de mola zero. São então submetidos às mesmas cargas dinâmicas. A transferência de peso para curvar na frente seria igual ao peso total não suspenso da frente vezes a Força G vezes a altura do centro de gravidade não suspenso da frente dividida pela largura da via da frente. O mesmo é válido para a traseira.

3.2 Transferência de peso por mola

A transferência de peso das molas é o peso transferido apenas pelo peso do veículo que repousa sobre as molas e não pelo peso total do veículo. Para o calcular, é necessário conhecer o peso das molas do veículo (peso total menos o peso não suspenso), as alturas dos centros de rolamento dianteiro e traseiro e a altura do centro de gravidade das molas (utilizada para calcular o comprimento do braço do momento de rolamento). O cálculo da transferência de peso da mola dianteira e traseira também requer o conhecimento da percentagem de acoplamento do rolamento. O eixo de rolamento é a linha que passa pelos centros de rolamento dianteiro e traseiro em torno dos quais o veículo rola durante as curvas. A distância deste eixo à altura do centro de gravidade das molas é o comprimento do braço do momento de rolamento.

A transferência total do peso da mola é igual à força G vezes o peso da mola vezes o comprimento do braço do momento de rolamento dividido pela largura efectiva da via. A transferência do peso da mola à frente é calculada multiplicando a percentagem do acoplamento de rolamento pela transferência total do peso da mola. A traseira é o total menos a transferência frontal.

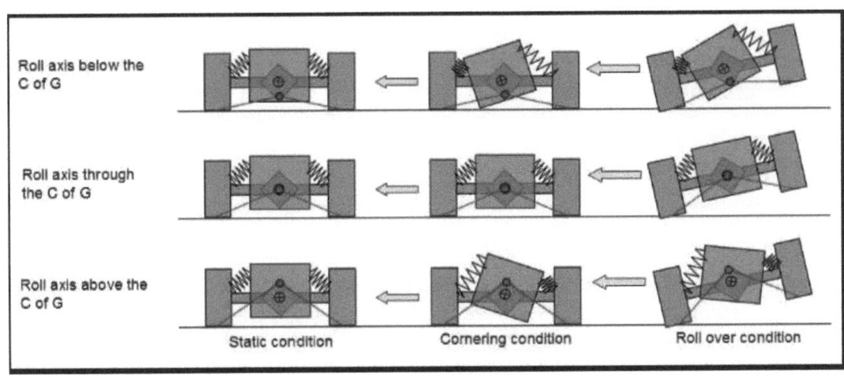

N.º da figura: 3.1

3.3 Forças de elevação

As forças de elevação são a soma das componentes verticais da força experimentadas pelos elos da suspensão. A força resultante actua para levantar a massa suspensa, se o centro de rolamento estiver acima do solo, ou para a comprimir, se estiver no subsolo. Geralmente, quanto mais alto for o centro de rolamento, maior é a força de elevação.

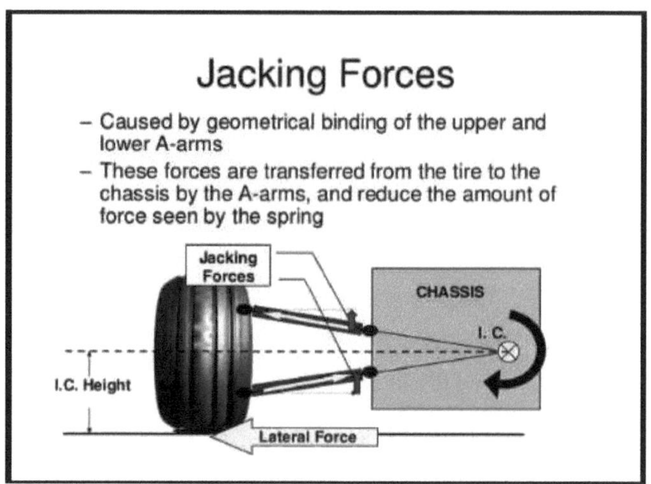

N.º da figura: 3.2

3.4 Outras propriedades

3.4.1 Viagens

O curso é a medida da distância entre a parte inferior do curso da suspensão (como quando o veículo está num macaco e a roda fica pendurada livremente) e a parte superior do curso da suspensão (como quando a roda do veículo já não pode deslocar-se numa direção ascendente em direção ao veículo). A queda ou o levantamento de uma roda pode causar graves problemas de controlo ou provocar danos diretos. O "encalhe" pode ser provocado pelo facto de a suspensão, os pneus, os guarda-lamas, etc., ficarem sem espaço para se deslocarem ou de a carroçaria ou outros componentes do veículo embaterem na estrada. Os problemas de controlo causados pela elevação de uma roda são menos graves se a roda se elevar quando a mola atinge a sua forma sem carga do que se o curso for limitado pelo contacto dos elementos da suspensão. Muitos veículos todo-o-terreno, como os camiões de corrida no deserto, utilizam cintas denominadas "cintas limitadoras" para limitar o curso descendente das suspensões até um ponto dentro dos limites de segurança das ligações e dos amortecedores. Isto é necessário, uma vez que estes camiões se destinam a percorrer terrenos muito acidentados a velocidades elevadas e, por vezes, até a voar. Sem algo para limitar o curso, os casquilhos da suspensão suportariam toda a força quando a suspensão atingisse a "inclinação total", podendo mesmo fazer com que as molas helicoidais saíssem dos seus "baldes" se fossem mantidas apenas por forças de compressão. Uma cinta limitadora é uma cinta simples, frequentemente de nylon, com um comprimento pré-determinado, que pára o movimento descendente num determinado ponto antes de ser atingido o curso máximo teórico. O oposto disto é o "bump-stop", que protege a suspensão e o veículo (bem como os ocupantes) de um violento "bottoming" da suspensão, causado quando uma obstrução (ou uma aterragem dura) faz com que a suspensão fique sem curso ascendente sem absorver totalmente a energia do curso.

Sem os para-choques, um veículo que "aterra" sofre um choque muito forte quando a suspensão entra em contacto com a parte inferior do chassis ou da carroçaria, que é transferido para os ocupantes e para todos os conectores e soldaduras do veículo. Os veículos de fábrica são muitas vezes fornecidos com "nubs" de borracha simples para absorver o pior das forças e isolar o choque. Um veículo de corrida no deserto, que tem de absorver regularmente forças de impacto muito mais elevadas, pode ser equipado com para-choques pneumáticos ou hidropneumáticos. Estes são essencialmente amortecedores em miniatura que são fixados ao veículo numa localização tal que a suspensão irá contactar a extremidade do pistão quando este se aproximar do limite de curso ascendente. Estes absorvem o impacto de forma muito mais eficaz do que um para-choques de borracha sólida, essencial porque um para-choques de borracha é considerado um isolador de emergência de "última hora" para o ocasional afundamento acidental da suspensão; é totalmente insuficiente para absorver afundamentos repetidos e pesados, como os que um veículo todo-o-terreno de alta velocidade encontra.

3.4.2 Amortecimento

O amortecimento é o controlo do movimento ou da oscilação, como se verifica com a utilização de comportas e válvulas hidráulicas no amortecedor de um veículo. Este também pode variar, intencionalmente ou não. Tal como a taxa de mola, o amortecimento ideal para o conforto pode ser menor do que para o controlo. O amortecimento controla a velocidade de deslocação e a resistência da suspensão do veículo. Um automóvel sem amortecimento oscila para cima e para baixo. Com níveis de amortecimento adequados, o automóvel regressa a um estado normal num período de tempo mínimo. A maior parte do amortecimento nos veículos modernos pode ser controlada aumentando ou diminuindo a resistência ao fluxo de fluido no amortecedor

3.4.3 Controlo da curvatura

A curvatura altera-se devido ao curso da roda, ao rolamento da carroçaria e à deflexão ou conformidade do sistema de suspensão. Em geral, um pneu desgasta-se e trava melhor com -1 a -2° de curvatura em relação à vertical. Dependendo do pneu e da superfície da estrada, este pode aderir melhor à estrada num ângulo ligeiramente diferente. Pequenas alterações na curvatura, à frente e atrás, podem ser utilizadas para afinar o comportamento. Alguns carros de competição são afinados com uma curvatura de -2 a -7°, dependendo do tipo de comportamento desejado e da construção do pneu. Muitas vezes, uma curvatura excessiva resulta na diminuição do desempenho de travagem devido a uma redução do tamanho da área de contacto devido a uma variação excessiva da curvatura na geometria da suspensão. A quantidade de variação da curvatura em caso de solavancos é determinada pelo comprimento instantâneo do braço oscilante do ponto de vista frontal (FVSA) da geometria da suspensão ou, por outras palavras, pela tendência do pneu para curvar para dentro quando comprimido em caso de solavancos.

Fig.No:3.3

3.4.4 Altura do centro de rolamento

A altura do centro de rolamento é um produto das alturas dos centros instantâneos da suspensão e é uma métrica útil na análise dos efeitos da transferência de peso, do rolamento da carroçaria e da distribuição da rigidez do rolamento da frente para a traseira. Convencionalmente, a distribuição da rigidez ao rolamento é afinada ajustando as barras estabilizadoras em vez da altura do centro de rolamento (uma vez que ambas tendem a ter um efeito semelhante na massa suspensa), mas a altura do centro de rolamento é significativa quando se considera a quantidade de forças de elevação experimentadas.

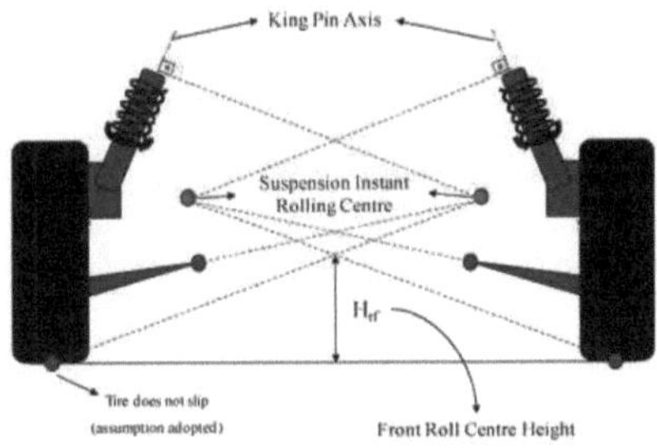

Figure 5. Front McPherson Suspension Roll Centre Height Calculation.

Fig.No:3.4

3.4.5 Centro instantâneo

Devido ao facto de o movimento da roda e do pneu ser limitado pelos elos da suspensão do veículo, o movimento do conjunto de rodas na vista frontal traça um arco imaginário no espaço com um "centro instantâneo" de rotação em qualquer ponto da sua trajetória. O centro instantâneo de qualquer pacote de rodas pode ser encontrado seguindo linhas imaginárias traçadas através das ligações da suspensão até ao seu ponto de intersecção. Um componente do vetor de força do pneu aponta a partir da área de contacto do pneu através do centro instantâneo. Quanto maior for esta componente, menor será o movimento da suspensão. Teoricamente, se a resultante da carga vertical no pneu e da força lateral gerada por este apontar diretamente para o centro instantâneo, os braços da suspensão não se moverão. Neste caso, toda a transferência de peso nessa extremidade do veículo será de natureza geométrica. Esta é a informação chave utilizada para encontrar o centro de rolamento baseado na força. A este respeito, os centros instantâneos são mais importantes para o comportamento do veículo do que o centro de rolamento cinemático, na medida em que a relação entre a transferência de peso geométrica e elástica é determinada pelas forças nos pneus e pelas suas direcções em relação à posição dos respectivos centros instantâneos.

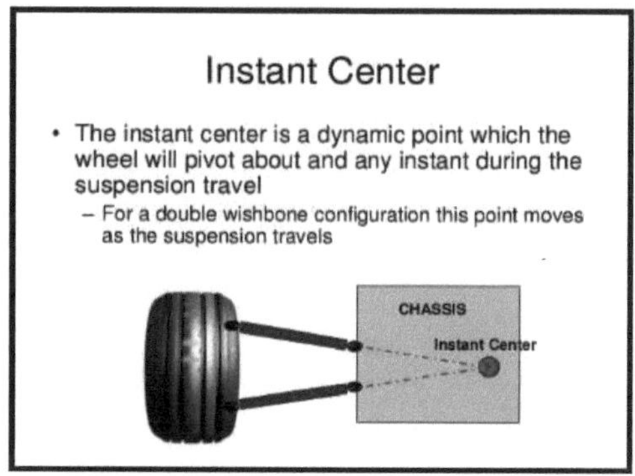

Fig.No:3.5

3.5 Variações na conceção da suspensão

3.5.1 Anti-mergulho e anti-agachamento

Anti-dive e anti-squat são percentagens que indicam o grau em que a frente mergulha durante a travagem e a traseira se agacha durante a aceleração. Podem ser consideradas como as contrapartidas da travagem e da aceleração, tal como as forças de elevação são para as curvas. A principal razão para a diferença deve-se aos diferentes objectivos de conceção entre a suspensão dianteira e traseira, enquanto a suspensão é normalmente simétrica entre a esquerda e a direita do veículo. O método de determinação do anti-dive ou anti-squat depende do facto de as articulações da suspensão reagirem ao binário de travagem e aceleração. Para determinar a percentagem de anti-dive de travagem da suspensão dianteira para os travões exteriores, é necessário, em primeiro lugar, determinar a tangente do ângulo entre uma linha traçada, em vista lateral, através da marca do pneu dianteiro e do centro instantâneo da suspensão dianteira, e a horizontal. Além disso, é necessário conhecer a percentagem do esforço de travagem nas rodas da frente. Em seguida, multiplica-se a tangente pela percentagem de esforço de travagem das rodas dianteiras e divide-se pela relação entre a altura do centro de gravidade e a distância entre eixos. Um valor de 50% significaria que metade da transferência de peso para as rodas dianteiras, durante a travagem, está a ser transmitida através da articulação da suspensão dianteira e metade através das molas da suspensão dianteira. Para os travões interiores, segue-se o mesmo procedimento, mas utilizando o centro da roda em vez do centro da superfície de contacto. O anti-squat de aceleração para a frente é calculado de forma semelhante e com a mesma relação entre a percentagem e a transferência de peso. Os valores de anti-squat de 100% ou mais são normalmente utilizados em corridas de arrancada, mas os valores de 50% ou menos são mais comuns em automóveis que têm de ser sujeitos a travagens severas. Valores mais elevados de anti-squat causam normalmente o salto da roda durante a travagem. É importante notar que, embora o valor de 100% signifique que toda a transferência de peso está a ser efectuada através da articulação da suspensão. No entanto, isto não significa que a suspensão seja incapaz de suportar cargas adicionais (aerodinâmicas, em curva, etc.) durante um episódio de travagem ou aceleração para a frente. Por outras palavras, não se deve considerar que a suspensão esteja "presa".

3.5.2 Modos de flexibilidade e vibração do sistema de suspensão

Em alguns automóveis modernos, a flexibilidade reside principalmente nos casquilhos de borracha, que estão sujeitos a deterioração ao longo do tempo. Para suspensões sujeitas a grandes esforços, como as dos veículos todo-o-terreno, estão disponíveis casquilhos de poliuretano, que oferecem maior longevidade sob maiores esforços. No entanto, devido a considerações de peso e custo, as estruturas não são tornadas mais rígidas do que o necessário. Alguns veículos apresentam vibrações prejudiciais que envolvem a flexão de partes estruturais, como, por exemplo, quando se acelera e se vira bruscamente. A flexibilidade das estruturas, como os quadros e os elos da suspensão, também pode contribuir para o efeito de mola, especialmente para amortecer as vibrações de alta frequência. A flexibilidade das rodas de arame contribuiu para a sua popularidade nos tempos em que os automóveis tinham suspensões menos avançadas.

3.5.3 Nivelamento da carga

Os automóveis podem estar muito carregados com bagagens, passageiros e reboques. Esta carga fará com que a traseira do veículo se afunde para baixo. A manutenção de um nível estável do chassis é essencial para alcançar o manuseamento adequado para o qual o veículo foi concebido. Os condutores que se aproximam podem ficar cegos com o feixe dos faróis. A suspensão autonivelante contraria esta situação, enchendo os cilindros da suspensão para elevar o chassis.

3.5.4 Isolamento contra choques de alta frequência

Para a maioria dos fins, o peso dos componentes da suspensão não é importante, mas a altas frequências, causadas pela rugosidade da superfície da estrada, as peças isoladas por casquilhos de borracha actuam como um filtro de vários estágios para suprimir o ruído e a vibração melhor do que se pode fazer apenas com os pneus e as molas.

3.5.5 Contribuição para o peso não suspenso e para o peso total

Estas são normalmente pequenas, exceto que a suspensão está relacionada com o facto de os travões e o(s) diferencial(ais) terem mola. Esta é a principal vantagem funcional das jantes de alumínio em relação às jantes de aço. As peças de suspensão em alumínio têm sido utilizadas em automóveis de produção e as peças de suspensão em fibra de carbono são comuns em automóveis de competição.

3.5.6 Espaço ocupado

As concepções diferem quanto à quantidade de espaço que ocupam e à sua localização. É geralmente aceite que as escoras MacPherson são a disposição mais compacta para veículos com motor dianteiro, em que é necessário espaço entre as rodas para colocar o motor. Os travões interiores (que reduzem o peso não suspenso) são provavelmente evitados mais por questões de espaço do que de custo.

3.5.7 Distribuição de forças

A fixação da suspensão deve corresponder à conceção do quadro em termos de geometria, resistência e rigidez.

3.5.8 Resistência do ar (arrasto)

Alguns veículos modernos têm uma suspensão ajustável em altura para melhorar a aerodinâmica e a eficiência do combustível. Os automóveis de fórmula modernos com rodas e suspensão expostas utilizam normalmente tubos aerodinâmicos em vez de tubos redondos simples para os braços de suspensão, a fim de reduzir a resistência aerodinâmica. Também é típica a utilização de suspensões do tipo balancim, biela ou biela de tração que, entre outras coisas, colocam a unidade mola/amortecedor no interior e fora do fluxo de ar para reduzir ainda mais a resistência do ar.

A maioria das suspensões convencionais utiliza molas passivas para absorver os impactos e amortecedores (ou amortecedores) para controlar os movimentos das molas. Algumas excepções notáveis são os sistemas hidropneumáticos, que podem ser tratados como uma unidade integrada de molas a gás e componentes de amortecimento, utilizados pelo fabricante francês Citroën, e os sistemas hidroelásticos, hidrogás e de cones de borracha utilizados pela British Motor Corporation, sobretudo no Mini. Foram utilizados vários tipos diferentes de cada um deles:

4.1 Suspensões passivas

As molas e os amortecedores tradicionais são designados por suspensões passivas - a maioria dos veículos é suspensa desta forma.

4.1.1 Molas

A maioria dos veículos terrestres é suspensa por molas de aço, destes tipos:

- Mola de lâmina - também conhecida como mola Hotchkiss, carrinho ou semi-elíptica[4]

- Suspensão de barra de torção

- Mola helicoidal

Os fabricantes de automóveis estão conscientes das limitações inerentes às molas de aço, que tendem a produzir oscilações indesejáveis, e desenvolveram outros tipos de materiais e mecanismos de suspensão na tentativa de melhorar o desempenho:

- Bucha de borracha

- Gás sob pressão - mola de ar

- Gás e fluido hidráulico sob pressão - suspensão hidropneumática e oleo strut.

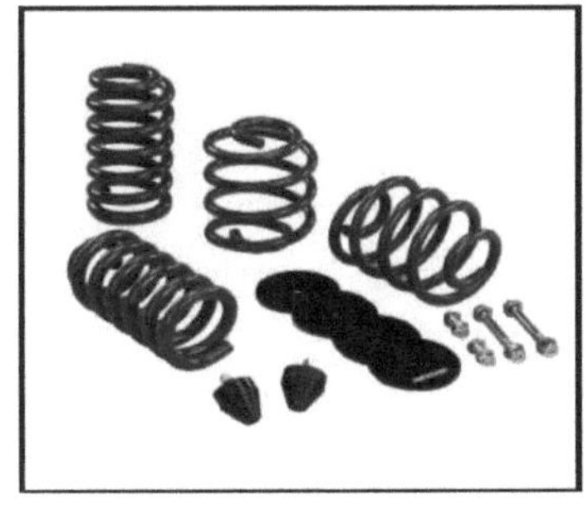 

Fig.N.º:4.1 Fig.N.º:4.2

4.1.2 Amortecedores e amortecedores de choque

Os amortecedores amortecem os movimentos (de outro modo, harmónicos simples) de um veículo para cima e para baixo nas suas molas. Também têm de amortecer grande parte do ressalto da roda quando o peso não suspenso de uma roda, cubo, eixo e, por vezes, travões e diferencial, salta para cima e para baixo sobre a mola de um pneu. Alguns sugeriram que os solavancos regulares encontrados em estradas de terra (apelidados de "veludo cotelê", mas corretamente ondulados ou "wash boarding") são causados por este ressalto da roda, embora existam algumas provas de que não está de todo relacionado com a suspensão.

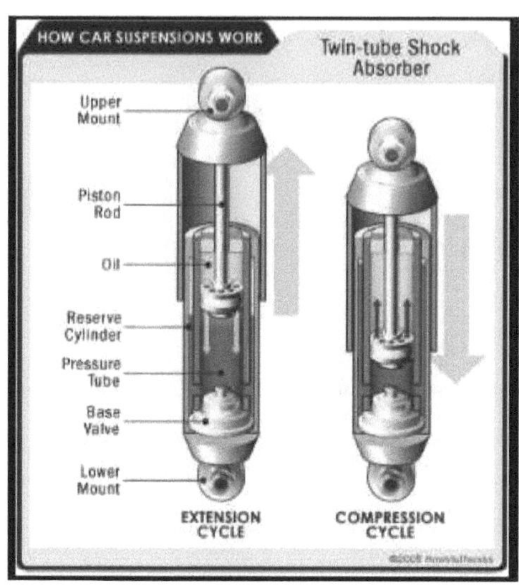

Fig.No:4.3

4.1.3 Suspensão semi-ativa e ativa

Se a suspensão for controlada externamente, trata-se de uma suspensão semi-ativa ou ativa, em que a suspensão reage a sinais de um controlador eletrónico. Por exemplo, um Citroën hidropneumático "sabe" a que distância do solo o automóvel deve estar e repõe constantemente esse nível, independentemente da carga. No entanto, *não* compensará instantaneamente o rolamento da carroçaria devido às curvas. O sistema da Citroën acrescenta cerca de 1% ao custo do automóvel em comparação com as molas de aço passivas. As suspensões semi-activas incluem dispositivos como as molas pneumáticas e os amortecedores comutáveis, várias soluções de autonivelamento, bem como sistemas como as suspensões hidropneumáticas, hidroelásticas e hidrogás. A Toyota introduziu amortecedores comutáveis no Soarer de 1983 [15]. Atualmente, a Delphi comercializa amortecedores com um fluido magneto-reológico, cuja viscosidade pode ser alterada electromagneticamente, permitindo assim um controlo variável sem necessidade de mudar as válvulas, o que é mais rápido e, por conseguinte, mais eficaz. Os sistemas de suspensão totalmente activos utilizam a monitorização eletrónica das condições do veículo, associada aos meios para alterar o comportamento da suspensão do veículo em tempo real, para controlar diretamente o movimento do automóvel. A Lotus Cars desenvolveu vários protótipos, a partir de 1982, e introduziu-os na F1, onde têm sido bastante eficazes, mas foram agora proibidos. A Nissan introduziu uma suspensão ativa de baixa largura de banda, por volta de 1990, como opção que acrescentava mais 20% ao preço dos modelos de luxo. A Citroën também desenvolveu vários modelos de suspensão ativa (ver hidroactivo). Um sistema totalmente ativo da Bose Corporation, recentemente publicitado, utiliza motores eléctricos lineares (ou seja, solenóides) em vez de actuadores hidráulicos ou pneumáticos, geralmente utilizados até há pouco tempo. A Mercedes introduziu um sistema de suspensão ativa denominado Active Body Control no seu Mercedes-Benz CL-Class topo de gama em 1999. Exemplos incluem a suspensão electromagnética de Bose e a suspensão electromagnética desenvolvida pelo Prof. Laurentiu Encica. Além disso, a nova roda Michelin com suspensão incorporada que funciona com um eletromotor é também semelhante.[16]

Com a ajuda de um sistema de controlo, várias suspensões semi-activas/activas conseguem um compromisso de conceção melhorado entre os diferentes modos de vibração do veículo, nomeadamente os modos de ressalto, rolamento, inclinação e empeno. No entanto, as aplicações destas suspensões avançadas são limitadas pelo custo, embalagem, peso, fiabilidade e/ou outros desafios.

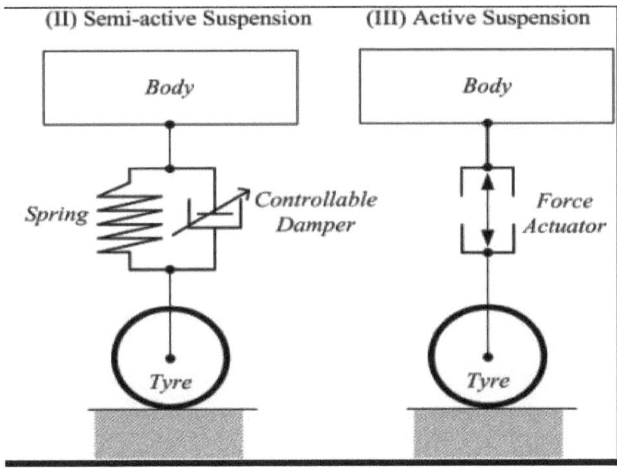

Fig.No:4.4

4.1.4 Suspensões interconectadas

As suspensões interligadas, ao contrário das suspensões semi-activas/activas, podem facilmente dissociar diferentes modos de vibração do veículo de uma forma passiva. As interconexões podem ser efectuadas por vários meios, tais como mecânicos, hidráulicos e pneumáticos. As barras estabilizadoras são um dos exemplos típicos de interconexões mecânicas, embora se tenha afirmado que as interconexões fluídicas oferecem um maior potencial e flexibilidade na melhoria das propriedades de rigidez e amortecimento. Tendo em conta as consideráveis potencialidades comerciais da tecnologia hidropneumática, as suspensões hidropneumáticas interligadas foram também exploradas em alguns estudos recentes, tendo sido demonstrados os seus potenciais benefícios para melhorar a condução e o comportamento dos veículos. O sistema de controlo também pode ser utilizado para melhorar ainda mais o desempenho das suspensões interligadas. Para além da investigação académica, uma empresa australiana, a Kinetic, teve algum sucesso com vários sistemas passivos ou semi-activos, que geralmente dissociam pelo menos dois modos do veículo (rolamento, empeno (articulação), inclinação e/ou elevação (ressalto)) para controlar simultaneamente a rigidez e o amortecimento de cada modo, utilizando amortecedores interligados e outros métodos. Em 1999, a Kinetic foi comprada pela Tenneco, tendo sido posteriormente desenvolvida por uma empresa catalã, Creuat concebeu um sistema mais simples baseado em cilindros de ação simples. Após alguns projectos de concorrência, a Creuat está ativa no fornecimento de sistemas de reequipamento para alguns modelos de veículos.

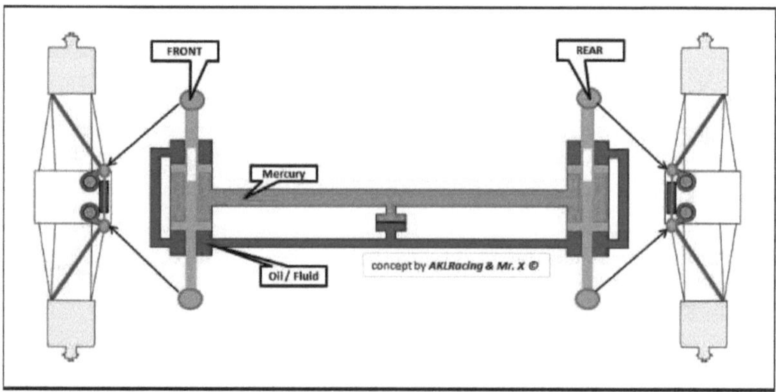

Fig.No:4.5

Historicamente, o primeiro automóvel de produção em série com suspensão mecânica interligada da frente para a retaguarda foi o Citroën 2CV de 1948. A suspensão do 2CV era extremamente macia - a ligação longitudinal tornava a inclinação mais suave em vez de tornar a rolagem mais rígida. Para compensar esse facto, recorria a geometrias extremamente anti-mergulho e anti-espaço. Isto redundou numa rigidez de cruzamento do eixo mais suave que as barras estabilizadoras teriam comprometido de outra forma. O sistema de suspensão com braço oscilante, braço dianteiro e braço traseiro, juntamente com os travões dianteiros interiores, tinha um peso não suspenso muito menor do que os modelos existentes de molas helicoidais ou de lâminas. A interligação transmitia parte da força que deflectia a roda dianteira para cima numa lomba, para empurrar a roda traseira para baixo no mesmo lado. Quando a roda traseira encontrava essa lomba um momento depois, fazia o mesmo em sentido inverso, mantendo o automóvel nivelado da frente para trás. O 2CV foi concebido para poder ser conduzido a alta velocidade num campo arado. Inicialmente, dispunha de amortecedores de fricção e de amortecedores de massa afinada. Os modelos posteriores tinham amortecedores de massa afinada à frente e amortecedores telescópicos à frente e atrás. A British Motor Corporation foi também uma das primeiras a adotar a suspensão interligada. Um sistema denominado Hydro elastic foi introduzido em 1962 no Morris 1100 e passou a ser utilizado numa variedade de modelos da BMC. O sistema hidroelástico foi desenvolvido pelo engenheiro de suspensão Alex Moulton e utilizava cones de borracha como meio de suspensão, com as unidades de suspensão de cada lado ligadas entre si por um tubo cheio de fluido. O fluido transmitia a força dos solavancos da estrada de uma roda para a outra e, como cada unidade de suspensão continha válvulas para restringir o fluxo de fluido, também servia como amortecedor. Moulton desenvolveu um substituto para o Hydro elastic para o sucessor da BMC, a British Leyland. Este sistema, fabricado sob licença pela Dunlop em Coventry, denominado Hydra gas, funcionava segundo o mesmo princípio mas, em vez de unidades de molas de borracha, utilizava esferas metálicas divididas internamente por um diafragma de borracha. A metade superior continha gás pressurizado e a metade inferior o mesmo fluido utilizado no sistema Hydro elastic. O fluido transmitia as forças de suspensão entre as unidades de cada lado, enquanto o gás actuava como meio de suspensão através do diafragma. Este é o mesmo princípio que o sistema hidropneumático da Citroën e proporciona uma qualidade de condução semelhante, mas é autónomo e não necessita de uma bomba acionada pelo motor para fornecer pressão hidráulica. A desvantagem é que o Hydra gas, ao contrário do sistema Citroen, não é ajustável em altura nem autonivelante. O Hydra gas foi introduzido em 1973 no Austin Allegro e foi utilizado em vários modelos, sendo o último carro a utilizá-lo o MG F em 2002. O sistema foi alterado a favor de molas helicoidais sobre amortecedores, devido a razões de custo, no final da vida do veículo. Quando foi desactivada em 2006, a linha de fabrico de gás Hydra tinha mais de 40 anos. Alguns dos últimos modelos Packard do pós-guerra também apresentavam uma suspensão interligada.

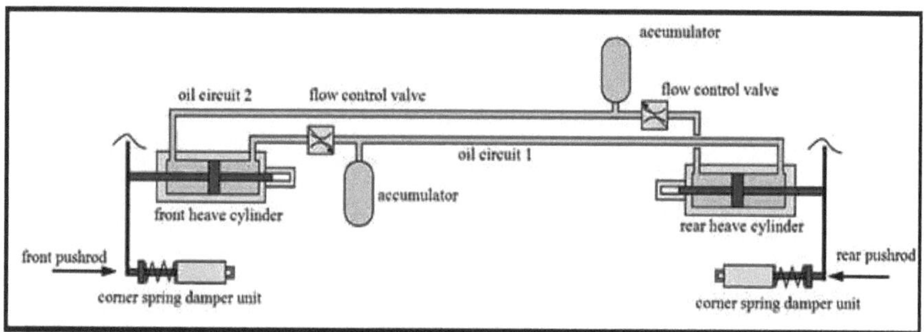

Fig.No:4.6

4.2 Geometria da suspensão

Os sistemas de suspensão podem ser classificados, em termos gerais, em dois subgrupos: dependentes e independentes. Estes termos referem-se à capacidade de as rodas opostas se moverem independentemente uma da outra. Uma suspensão dependente tem normalmente uma viga (um eixo simples de "carro") ou um eixo ativo (motriz) que mantém as rodas paralelas entre si e perpendiculares ao eixo. Quando a curvatura de uma roda muda, a curvatura da roda oposta muda da mesma forma (por convenção, de um lado é uma mudança positiva na curvatura e do outro lado é uma mudança negativa). As suspensões De Dion também se encontram nesta categoria, uma vez que ligam rigidamente as rodas entre si. Uma suspensão independente permite que as rodas subam e desçam sozinhas sem afetar a roda oposta. As suspensões com outros dispositivos, tais como barras oscilantes que ligam as rodas de alguma forma, continuam a ser classificadas como independentes. Um terceiro tipo é uma suspensão semi-dependente. Neste caso, o movimento de uma roda afecta a posição da outra, mas não estão rigidamente ligadas uma à outra. Uma suspensão traseira com barra de torção é um sistema deste tipo.

4.2.1 Suspensão dependente

Os sistemas dependentes podem ser diferenciados pelo sistema de ligações utilizado para os localizar, tanto longitudinalmente como transversalmente. Frequentemente, ambas as funções são combinadas num conjunto de ligações.

Exemplos de ligações de localização incluem:

- Ligação Satchell

- Varão Panhard

- Ligação de Watt

- Ligação WOB

- Ligação Mumford

- Molas de lâmina utilizadas para a localização (transversal ou longitudinal)

- As molas totalmente elípticas necessitam normalmente de elos de localização suplementares e já não são de uso corrente

- As molas semi-elípticas longitudinais eram comuns e ainda são utilizadas em camiões pesados e aviões. Têm a vantagem de a taxa de mola poder ser facilmente tornada progressiva (não linear).

- Uma única mola de lâmina transversal para ambas as rodas dianteiras e/ou ambas as rodas traseiras, suportando eixos sólidos, foi utilizada pela Ford Motor Company, antes e pouco depois da Segunda Guerra Mundial, mesmo em modelos dispendiosos. Tinha as vantagens da simplicidade e do baixo peso não suspenso (em comparação com outros modelos de eixo sólido).

Num veículo com motor dianteiro e tração traseira, a suspensão traseira dependente é de "eixo vivo" ou de eixo de Dion, dependendo de o diferencial ser ou não transportado no eixo. O eixo direto é mais simples, mas o peso não suspenso contribui para o ressalto das rodas. Uma vez que assegura uma curvatura constante, a suspensão dependente (e semi-independente) é mais comum em veículos que necessitam de transportar grandes cargas em proporção do peso do veículo, que têm molas relativamente macias e que não utilizam (por razões de custo e simplicidade) suspensões activas. A utilização da suspensão dianteira dependente limitou-se aos veículos comerciais mais pesados.

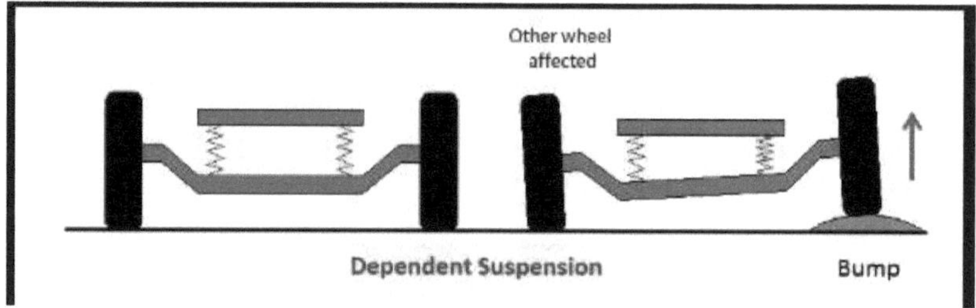

Fig.No:4.7

4.2.2 Suspensão independente

A variedade de sistemas independentes é maior e inclui:

- Eixo oscilante

- Pilar deslizante

- Escora MacPherson/escora Shapman

- Braço em A superior e inferior (duplo braço triangular)

- Suspensão multi-link

- Suspensão de braço semirreboque

- Braço oscilante

- Molas de lâmina

As molas de lâminas transversais, quando utilizadas como um elo de suspensão, ou elípticas de quatro quartos numa extremidade de um automóvel, são semelhantes aos triângulos em termos de geometria, mas são mais flexíveis. Uma vez que as rodas não são obrigadas a permanecer perpendiculares a uma superfície de estrada plana em condições de viragem, travagem e carga variável, o controlo da cambagem das rodas é uma questão importante. O braço oscilante era comum em automóveis pequenos com molas macias e capazes de suportar grandes cargas, porque a curvatura é independente da carga. Algumas suspensões activas e semi-activas mantêm a altura de condução e, por conseguinte, a curvatura, independentemente da carga. Nos automóveis desportivos, a alteração ideal da curvatura ao virar é mais importante. As suspensões Wishbone e multi-link permitem ao engenheiro um maior controlo sobre a geometria, para chegar ao melhor compromisso, do que as suspensões de eixo oscilante, MacPherson strut ou braço oscilante; no entanto, os custos e os requisitos de espaço podem ser maiores. O semi-braço de arrasto está entre estes dois tipos, sendo um compromisso variável entre as geometrias do braço oscilante e do eixo oscilante.

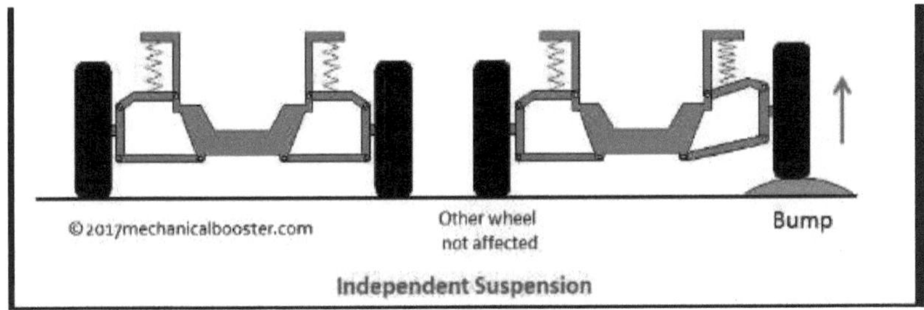

Fig.No:4.8

4.2.3 Suspensão semi-independente

Numa suspensão semi-independente, as rodas de um eixo podem mover-se uma em relação à outra como numa suspensão independente, mas a posição de uma roda tem um efeito na posição e atitude da outra roda. Este efeito é conseguido através da torção ou deflexão das peças da suspensão sob carga. O tipo mais comum de suspensão semi-independente é a viga de torção.

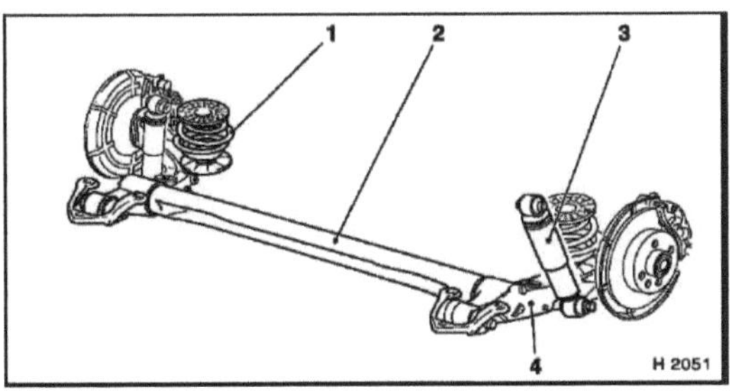

Fig.No:4.9

4.2.4 Suspensão de combate de veículos blindados

Os AFVs militares, incluindo os tanques, têm requisitos de suspensão especializados. Podem pesar mais de setenta toneladas e têm de se deslocar o mais rapidamente possível em terrenos muito acidentados ou macios. Os seus componentes de suspensão devem ser protegidos contra minas terrestres e armas antitanque. Os AFVs com lagartas podem ter até nove rodas de cada lado. Muitos AFVs com rodas têm seis ou oito rodas grandes. Alguns têm um sistema central de enchimento de pneus para reduzir a carga sobre o solo em superfícies pobres. Algumas rodas são demasiado grandes e confinadas para rodar, pelo que a direção antiderrapante é utilizada em alguns veículos com rodas, bem como em veículos com lagartas. Os primeiros tanques da Primeira Guerra Mundial tinham uma suspensão fixa sem qualquer movimento projetado. Esta situação insatisfatória foi melhorada com suspensões de molas de lâmina ou de molas helicoidais, adoptadas de máquinas agrícolas, automóveis ou ferroviárias, mas mesmo estas tinham um curso muito limitado. As velocidades aumentaram devido aos motores mais potentes e a qualidade da condução teve de ser melhorada. Na década de 1930, foi desenvolvida a suspensão Christie, que permitia a utilização de molas helicoidais no interior do casco blindado de um veículo, alterando a direção da força que deformava a mola, através de uma manivela. A suspensão do T-34 era diretamente descendente dos desenhos Christie. A suspensão Horstmann era uma variante que utilizava uma combinação de manivela e molas helicoidais exteriores, utilizada entre os anos 1930 e 1990. A suspensão do bogie, mas ainda assim independente, do M3 Lee/Grant e do M4 Sherman era semelhante ao tipo Horstman, com a suspensão contida na oval da via. Na Segunda Guerra Mundial, o outro tipo comum era a suspensão de barra de torção, que obtinha a força da mola a partir de barras de torção no interior do casco - por vezes, tinha menos curso do que o tipo Christie, mas era significativamente mais compacta, permitindo mais espaço no interior do casco, com a consequente possibilidade de instalar anéis de torreta maiores e, assim, um armamento principal mais pesado. A suspensão de barra de torção, por vezes incluindo amortecedores, tem sido a suspensão dominante dos veículos blindados pesados desde a Segunda Guerra Mundial. As barras de torção podem ocupar espaço debaixo ou perto do chão, o que pode interferir com o facto de o tanque ser baixo para reduzir a exposição. Tal como acontece com os automóveis, o curso das rodas e a taxa de mola afectam o solavanco da viagem e a velocidade a que se pode negociar em terrenos acidentados. Pode ser significativo que uma condução suave, que é frequentemente associada ao conforto, aumente a precisão ao disparar em movimento (analogamente aos navios de guerra com estabilidade reduzida, devido à altura metacêntrica reduzida). Também reduz o choque sobre a ótica e outros equipamentos.

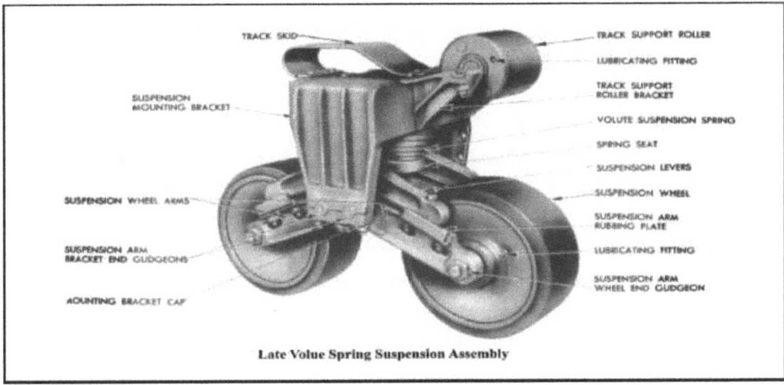

Fig.N.º:4.10

O peso não suspenso e o peso dos elos da via podem limitar a velocidade em estrada e afetar a vida útil da via e de outros componentes. A maioria dos meios-carros alemães da Segunda Guerra Mundial e os seus tanques introduzidos durante a guerra, como o tanque Panther, tinham rodas de estrada sobrepostas e, por vezes, intercaladas, para distribuir a carga de forma mais uniforme na via e, por conseguinte, no solo. Aparentemente, isto contribuiu significativamente para a velocidade, o alcance e a vida útil da via, além de proporcionar uma faixa contínua de proteção. Não foi utilizado desde o final da guerra, provavelmente devido aos requisitos de manutenção de peças mecânicas mais complicadas que funcionam na lama, areia, pedras, neve e gelo, bem como ao custo. As pedras e a lama congelada ficavam frequentemente presas entre as rodas sobrepostas, o que podia impedi-las de rodar ou causar danos nas rodas de estrada. Se uma das rodas interiores ficasse danificada, seria necessário retirar outras rodas para aceder à roda danificada, o que tornava o processo mais complicado e moroso.

Capítulo 5-Suspensão nos comboios

Encontramos molas todos os dias, por vezes sem o sabermos! Por isso, talvez não tenha reparado que elas são um fator vital nos comboios e na sua funcionalidade. O sistema hidráulico faz com que os comboios funcionem da forma como funcionam e, sem ele, a viagem suave e confortável não seria a que experimentamos hoje. Todo o peso do comboio é suportado por um sistema hidráulico, fazendo com que o movimento seja quase deslizante, com fricção e abrasão insignificantes. Percorremos um longo caminho em termos de engenharia na indústria ferroviária; dos comboios a vapor aos sistemas eléctricos dependentes de molas. Mas como é que o sistema de suspensão funciona?

5.1 Sistema de suspensão primária

Existem dois tipos principais de suspensões utilizadas nos comboios, todas elas envolvidas em molas. A suspensão primária consiste essencialmente num sistema normal de amortecedores de molas que suporta a suspensão estrutural da carruagem e de todo o comboio. Estes sistemas amortecedores estão presentes em todos os bogies, existindo entre a caixa de eixo e o bogie. O bogie de um comboio é o material rodante, normalmente com quatro a seis rodas articuladas sob a extremidade do veículo. É como um camião baixo ou um carrinho por baixo do comboio.

5.1.1 Estrutura do bogie

O bogie é a forma genérica de funcionamento da maioria dos veículos ferroviários. O bogie divide-se em chassis, suporte, pino de articulação, conjunto de rodas, rolamento de rolos, vigas de travão, cepos de travão, alavancas de travão e cilindros de travão; todas as partes vitais para a estrutura do bogie.

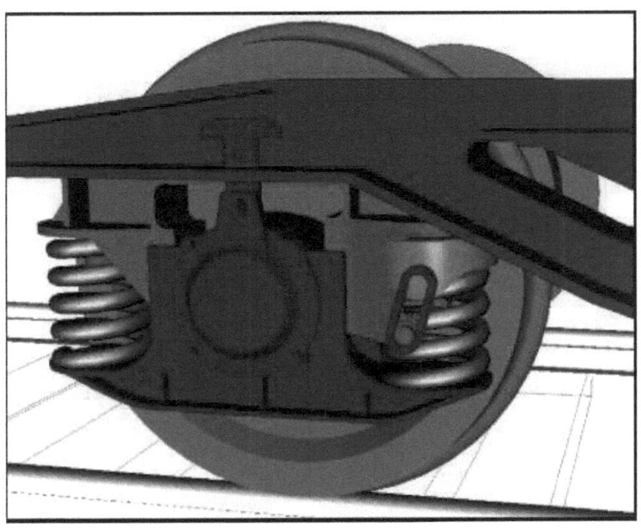

Fig.N.º:5.1

5.1.2 Disposição do cárter

O componente primário da suspensão num bogie é através de um arranjo de travão, que compreende um arranjo de cilindro e pistão. O assento inferior da mola actua como um cilindro e a guia da caixa de eixo actua como um pistão. A almofada do bogie, ou suporte, é a secção central da área; suporta a maior parte do peso da carruagem. O bogie gira em torno do pino que está centrado. Isto utiliza partes do sistema de suspensão secundária, que é normalmente constituído por molas helicoidais e uma prancha de molas.

Fig.No:5.2

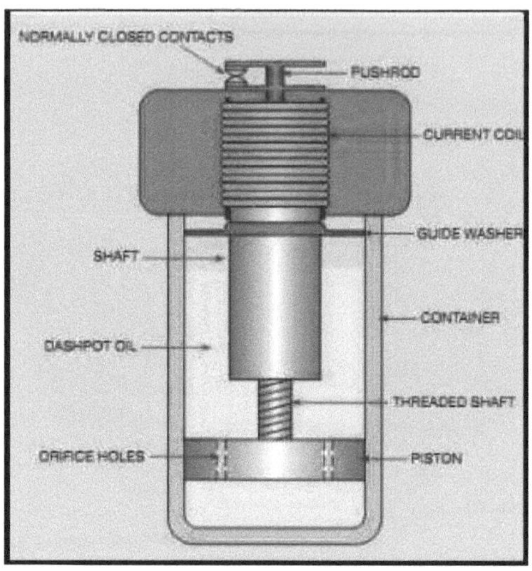

Fig.No:5.3

5.1.3 Molas no bogie

A suspensão primária situa-se entre a caixa de eixo e o bogie e é constituída por molas e amortecedores. É uma necessidade invariável para todas as classes de material circulante, incluindo os vagões. As diferentes classes de carruagens estão equipadas com diferentes modelos de bogie com suspensão primária, no entanto, podem diferir das oito molas por bogie (classificadas de acordo com o facto de cada bogie ser um conjunto de três rodas). Todas elas estão equipadas com molas interiores ou equilibradas com molas interiores, juntamente com amortecedores de fricção.

5.2 Sistema de suspensão secundária

A suspensão secundária situa-se entre o bogie e o veículo; a almofada de ar está presente entre o veículo e a estrutura do bogie. O seu objetivo é o conforto dos passageiros. O ato de suspensão secundária é principalmente uma suspensão pneumática e é mesmo utilizada em comboios de mercadorias.

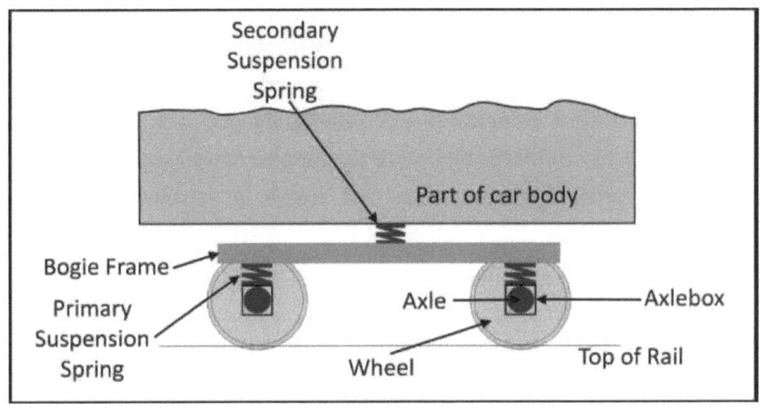

N.º da figura: 5.4

5.2.1 Suporte de reforço

A disposição deste sistema de suspensão é efectuada através das molas da almofada. A almofada ou suporte do bogie não está estruturalmente ligada à estrutura do bogie, mas está ligada através da ligação de ancoragem (a estrutura tubular com extremidades cilíndricas). Ambas as extremidades da ligação de ancoragem funcionam como uma dobradiça que permite o movimento da almofada quando o comboio está em ação.

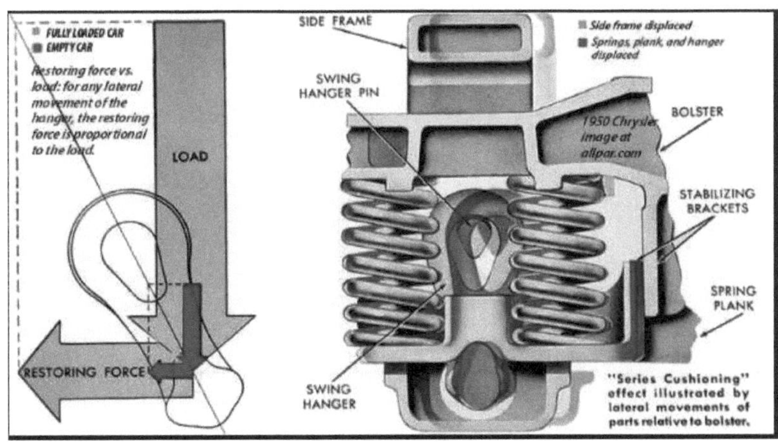

Fig.N.º:5.5

5.2.2 Viga inferior da mola

Os feixes de molas inferiores suportam as molas do travessão. Este feixe de molas inferior é uma estrutura constituída por chapas de aço e a sua localização é marcada por ranhuras circulares no centro do suporte. O feixe de molas inferior é também uma estrutura flutuante, mas está ligado à estrutura do bogie pelo exterior, com a ajuda de um suporte de aço. Estes são tradicionalmente designados por BSS Hanger (Bogie Secondary Suspension Hanger).

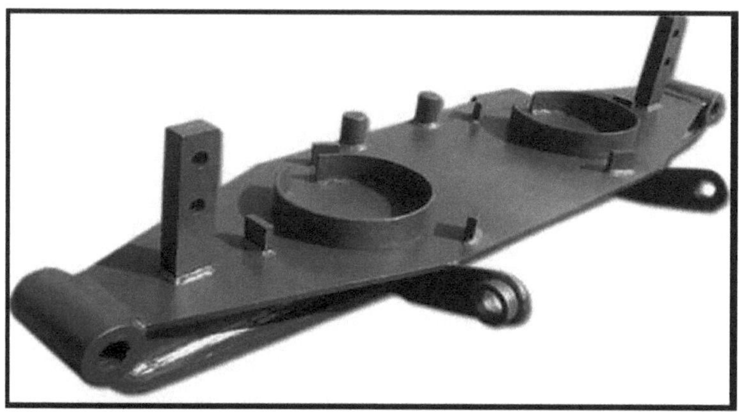

Fig.No:5.6

Fig.No:5.7

5.2.3 Equalização da barra de suporte

A secção interior do feixe de molas inferior está ligada ao suporte do bogie, mas recebe uma pequena ajuda de uma barra de compensação. Esta barra tem a forma de um Y e é feita de chapas e tubos de aço. Também está articulada em ambas as extremidades com o feixe de molas inferior, juntamente com o suporte do bogie. Estão todos ligados por uma cavilha. A utilização de molas nos sistemas ferroviários e ferroviários é vital para a suavidade e a funcionalidade do comboio e para o conforto dos passageiros. A suspensão pneumática é para o conforto dos passageiros e as molas e as suas utilizações na suspensão ajudam a estrutura do comboio e o apoio na viagem. Na European Springs compreendemos a importância das molas em todos os tipos de indústrias e orgulhamo-nos de fornecer molas da mais alta qualidade para elas!

A suspensão de um motociclo tem um duplo objetivo: contribuir para a manobrabilidade e travagem do veículo e proporcionar segurança e conforto, mantendo os passageiros do veículo confortavelmente isolados do ruído da estrada, solavancos e vibrações. O motociclo típico tem um par de tubos de forquilha para a **suspensão** dianteira e um braço oscilante com um ou dois amortecedores para a suspensão traseira.

6.1 Suspensão dianteira

A forma mais comum de suspensão dianteira para um motociclo moderno é a forquilha telescópica. Outros modelos de forquilhas são as forquilhas de viga, suspensas em elos paralelos com mola (não comuns desde a década de 1940) e modelos de elos inferiores, não comuns desde a década de 1960. Alguns fabricantes (por exemplo, a Greeves) utilizaram uma versão do braço oscilante para a suspensão dianteira nos seus modelos de motocross. Uma versão unilateral da ideia é também utilizada em scooters a motor como a Vespa. A direção centrada no cubo, desenvolvida por Ascanio Rodorigonum conceito associado a Massimo Tamburini, é um sistema alternativo complexo de braço oscilante dianteiro que inclui suspensão e direção, como se pode ver em projectos como Bimota Tesi e Vyrus motos.

Fig.N.º:6.1

6.1.1 Garfos telescópicos

A Scott produziu uma motocicleta com garfos telescópicos em 1908, e continuaria a usá-los até 1931. Em 1935, a BMW tornou-se o primeiro fabricante a produzir uma moto com forquilhas telescópicas com amortecimento hidráulico. Atualmente, a maioria dos motociclos utiliza forquilhas telescópicas para a suspensão dianteira.

As forquilhas podem ser mais facilmente entendidas como simples amortecedores hidráulicos de grandes dimensões com molas helicoidais internas. Permitem que a roda dianteira reaja às imperfeições da estrada, isolando o resto da moto desse movimento. A parte superior da forquilha está ligada ao quadro da moto através de uma braçadeira de árvore tripla (conhecida como "yoke" no Reino Unido), que permite rodar a forquilha para conduzir a moto. A parte inferior da forquilha está ligada ao eixo da roda dianteira. Nas forquilhas telescópicas convencionais, a parte inferior ou **os corpos da forquilha** deslizam para cima e para baixo nos **tubos da forquilha.** Os tubos da forquilha têm de ser lisos como um espelho para selar o óleo da forquilha no interior da mesma. Alguns tubos da forquilha, especialmente nas primeiras roadsters e motos todo-o-terreno, estão protegidos por "polainas" de plástico. **As forquilhas "Upside-down" (USD)**, também conhecidas como forquilhas invertidas, são instaladas invertidas em comparação com as forquilhas telescópicas convencionais. Os corpos deslizantes estão na parte superior, fixados nas pinças triplas, e os tubos das escoras estão na parte inferior, fixados ao eixo.

Esta disposição do dólar tem duas vantagens:

(i) diminui o peso não suspenso do motociclo; e

(ii) aumenta a rigidez à torção, o que pode melhorar a manobrabilidade.

Duas desvantagens dos garfos USD são:

(i) São mais caros do que os garfos telescópicos convencionais; e

(ii) são susceptíveis de perder todo o seu óleo de amortecimento se um vedante de óleo falhar. As forquilhas USD são normalmente encontradas em motos desportivas, embora a Honda Valkyrie tenha tido forquilhas USD.

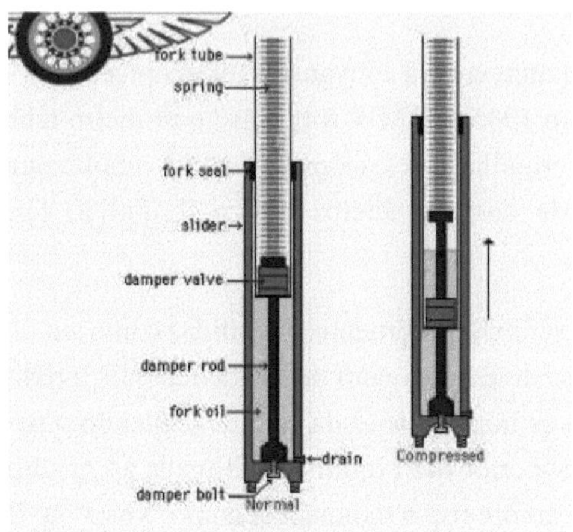

Fig.N.º:6.2

6.1.2 Ajuste da pré-carga

As suspensões dos motociclos são concebidas de modo a que as molas estejam sempre sob compressão, mesmo quando totalmente esticadas. A pré-carga é utilizada para ajustar a posição inicial da suspensão com o peso do motociclo e do condutor a atuar sobre ela. A diferença entre o comprimento totalmente esticado da suspensão e o comprimento comprimido pelo peso do motociclo e do condutor é designada por "afundamento total" ou "afundamento de corrida". A afrouxamento total é definida para otimizar a posição inicial da suspensão, de modo a evitar o afundamento ou a subida em condições normais de condução. A "queda" ocorre quando a suspensão é comprimida até ao ponto em que mecanicamente não pode comprimir mais. O "Topping out" ocorre quando a suspensão se estende totalmente e não pode estender-se mecanicamente mais. O aumento da pré-carga aumenta a força inicial sobre a mola, reduzindo assim a curvatura total. Diminuir o pré-carregamento diminui a força inicial na mola, aumentando assim a curvatura total. Alguns motociclos permitem ajustar a pré-carga alterando a pressão do ar no interior dos garfos. As válvulas no topo das forquilhas permitem adicionar ou libertar ar da forquilha. Mais pressão de ar dá mais pré-carga e vice-versa.

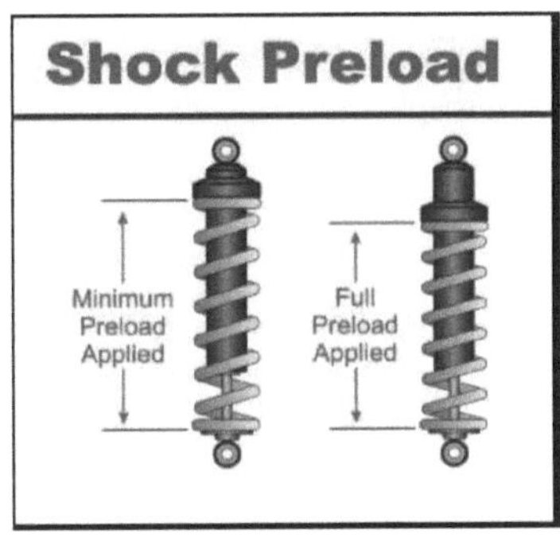

Fig.N.º:6.3

6.1.3 Amortecimento do garfo

Os modelos básicos de forquilhas utilizam um sistema simples de **amortecedor**, em que o amortecimento é controlado pela passagem do óleo da forquilha através de um orifício. Apesar de serem baratos de fabricar, é difícil afinar este tipo de forquilhas, uma vez que tendem a ter pouco amortecimento a baixas velocidades e demasiado amortecimento a altas velocidades. Qualquer ajuste será sempre um compromisso, com amortecimento excessivamente suave e excessivamente rígido. Uma vez que as forquilhas funcionam como amortecedores hidráulicos, a alteração do peso do óleo da forquilha altera a taxa de amortecimento. Alguns garfos telescópicos têm regulações externas para o amortecimento. Uma abordagem mais sofisticada é a **forquilha de cartucho,** que utiliza cartuchos internos com um sistema de válvulas. O amortecimento a baixas velocidades de deslizamento é controlado por um orifício muito mais pequeno, mas o amortecimento a velocidades de deslizamento mais elevadas é controlado por um sistema de calços flexíveis, que actuam como uma válvula de derivação para o óleo da forquilha. Esta válvula tem uma série de calços de diferentes espessuras que cobrem os orifícios da válvula para controlar o amortecimento da forquilha em solavancos a alta e média velocidade. Alguns dos calços (ou "molas de lâmina") levantam-se com pouca força, permitindo que o fluido passe pelo orifício. Outras molas requerem uma força maior para levantar e permitir o fluxo. Isto confere à forquilha um amortecimento **digressivo**, permitindo-lhe ser rígida em pequenos ressaltos, mas relativamente mais suave em ressaltos maiores. Além disso, as molas (ou calços) só permitem o fluxo numa direção, pelo que um conjunto de molas controla o amortecimento da compressão e outro o amortecimento do ressalto. Isto permite que os amortecedores sejam regulados separadamente.

Os emuladores de cartucho são peças pós-venda que fazem com que as forquilhas de barra de amortecimento se comportem virtualmente como forquilhas de cartucho. O orifício de amortecimento na haste do amortecedor é tão grande que praticamente não tem efeito no amortecimento e, em vez disso, um "emulador" assume a função de amortecimento. O emulador tem um orifício muito pequeno para um amortecimento a baixa velocidade da forquilha e uma pilha de calços ajustável para um amortecimento a alta velocidade da forquilha.

As forquilhas de cartucho carregadas a gás, que ficaram disponíveis em 2007, consistem em cartuchos carregados a gás instalados em forquilhas normais. Este kit é adequado para as classes de corrida SuperSport, onde os regulamentos proíbem a substituição completa da forquilha, mas permitem a modificação das forquilhas originais.

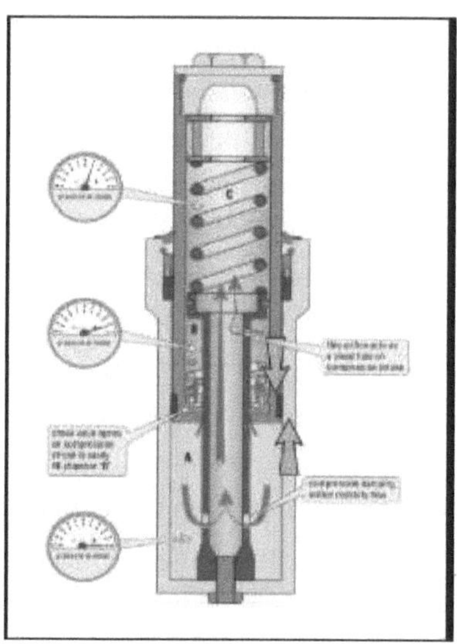

Fig.N.º:6.4

6.1.4 Acionamento do travão

A aplicação dos travões de um motociclo em movimento aumenta a carga suportada pela roda dianteira e diminui a carga suportada pela roda traseira devido a um fenómeno chamado transferência de carga. Para uma explicação detalhada e um exemplo de cálculo, consulte a secção de travagem do artigo Dinâmica de bicicletas e motociclos. Se o motociclo estiver equipado com forquilhas telescópicas, a carga adicionada na roda dianteira é transmitida através das forquilhas, que se comprimem. Este encurtamento dos garfos faz com que a extremidade dianteira da bicicleta se desloque para baixo, o que se designa por **"brake dive"**. Os garfos telescópicos são particularmente propensos a este fenómeno, ao contrário do que acontece com os modelos com link principal. O "brake dive" pode ser desconcertante para o condutor, que pode sentir que está prestes a ser atirado para a frente do motociclo. Se a mota mergulhar ao ponto de fazer cair a forquilha dianteira, também pode causar problemas de manuseamento e de travagem. Um dos objectivos de uma suspensão é ajudar a manter o contacto entre o pneu e a estrada. Se a suspensão estiver no fundo, já não se move como deveria e já não ajuda a manter o contacto. Embora o mergulho excessivo dos travões seja desconcertante e o fundo do poço possa causar perda de tração, uma certa quantidade de mergulho dos travões reduz a inclinação e o rasto da moto, permitindo-lhe virar mais facilmente. Isto é especialmente importante para os pilotos que travam na entrada das curvas.

O "brake dive" com forquilhas telescópicas pode ser reduzido aumentando a taxa de mola das molas da forquilha, ou aumentando o amortecimento de compressão das forquilhas. No entanto, todas estas alterações tornam o motociclo menos agradável de conduzir em estradas irregulares, uma vez que a extremidade dianteira se sentirá mais rígida. Nos anos 80, vários fabricantes tentaram contornar esta situação através de métodos anti-mergulho, tais como:

• ACT: Desenvolvido pela Marzocchi e montado nas motos Buell, como a Buell RR 1200 (1988).

• ANDF (Garfos anti mergulho do nariz): Foi instalado em vários modelos Suzuki GSX e na RG250.

• AVDS (Automatic Variable Damping System): Este sistema foi instalado em várias motos Kawasaki.

- NEAS (Nova Suspensão Activada Eletricamente): Tal como equipada na Suzuki GSX-R 1100 e na GSX-R 750 Limited Edition.

- PDF (Forquilha Posi Damp): Esta unidade foi instalada na Suzuki RG500, na GSX1100E/GS1150E e na GSX-R 750 e foi uma melhoria das unidades Anti Dive anteriores (que funcionam através da pressão do fluido dos travões, fechando uma válvula no mecanismo quando os travões são aplicados, restringindo o fluxo de óleo de amortecimento e abrandando a compressão da forquilha). As unidades PDF funcionam de forma semelhante, exceto que dependem inteiramente do próprio curso de compressão. As válvulas são acionadas por uma mola, pelo que, se a roda bater numa lomba, saltam das suas sedes e restabelecem o fluxo de óleo por um momento, para permitir que a suspensão absorva o choque.

- TCS (Travel Control System): Sistema anti-mergulho com amortecimento variável. O TCS foi introduzido na FZ 400 R (1984, apenas para o mercado japonês).

- TRAC (Controlo anti-mergulho reativo do binário): Este sistema foi instalado em várias motos Honda, como a CB1100F, a CB1000C e a VFR750F, e funcionava através da utilização de uma pinça giratória que activava uma válvula na perna da forquilha.

Com o advento das forquilhas de cartucho, que permitem um maior amortecimento a baixa velocidade e um menor amortecimento a alta velocidade do que as anteriores forquilhas de haste amortecedora, os mecanismos anti-mergulho separados caíram geralmente em desuso. Outro método para reduzir ou eliminar o mergulho do travão em forquilhas telescópicas é utilizar uma ligação reactiva ou um braço de binário para ligar os componentes de travagem ao quadro do motociclo através da pinça tripla. Algumas concepções de forquilhas atenuam, eliminam ou até invertem o dive sem afetar negativamente a suspensão dianteira. A forquilha Earles está entre estes últimos; quando se trava o travão dianteiro com força, a extremidade dianteira da mota levanta-se de facto. A forquilha Telelever da BMW foi concebida para quase eliminar o mergulho, e poderia ter sido concebida para o eliminar completamente se o fabricante assim o decidisse. As forquilhas dianteiras Leading Link, como as utilizadas em alguns motociclos Ural, também podem ser concebidas para reduzir ou eliminar o mergulho.

6.1.5 Forquilha Saxon Motodd (Telelever)

O Saxon-Motodd (comercializado como Telelever pela BMW) tem um braço oscilante adicional que é montado no quadro e suporta a mola. Isto faz com que o rake e o trail aumentem durante a travagem, em vez de diminuírem como acontece com os garfos telescópicos tradicionais.

Fig.No:6.5

6.1.6 Forquilha de Hossack (Duolever)

O Hossack/Fior (comercializado como Duolever pela BMW) separa completamente a suspensão das forças de direção. Foi desenvolvido por Norman Hossack e utilizado por Claude Fior e John Britten em motas de corrida. O próprio Hossack descreveu o sistema como uma "direção vertical". Em 2004, a BMW anunciou a K1200S com uma nova suspensão dianteira que se baseia neste design.

Fig.N.º:6.6

6.1.7 Face única

A suspensão dianteira com braço oscilante de um lado foi utilizada na Yamaha GTS1000, introduzida em 1993. A GTS utilizou a suspensão dianteira RADD, Inc. concebida por James Parker. Uma forquilha de viga de lado único foi utilizada na moto alemã Imme R100 entre 1949 e 1951, e a scooter Vespa tem uma forquilha de braço único. Mais recentemente, entre 1998 e 2003, a ItalJet "Dragster" também utilizou uma suspensão de braço oscilante de um lado, embora, ao contrário da GTS1000, não existisse um braço de controlo superior; a parte superior da suspensão na Dragster servia apenas para transmitir a direção.

Fig.No:6.7

6.1.8 Direção do centro de gravidade

A direção centrada no cubo é caracterizada por um braço oscilante que se estende desde a parte inferior do motor/quadro até ao centro da roda dianteira, em vez de uma forquilha. As vantagens da utilização de um sistema de direção centrada no cubo em vez de uma forquilha de motociclo mais convencional são que a direção centrada no cubo separa as funções de direção, travagem e suspensão. Com uma forquilha, as forças de travagem são aplicadas através da suspensão, uma situação que leva a que a suspensão seja comprimida, utilizando uma grande quantidade de curso da suspensão, o que torna extremamente difícil lidar com os solavancos e outras irregularidades da estrada. Com a descida da forquilha, a geometria da direção da bicicleta também se altera, tornando-a mais nervosa e, inversamente, mais preguiçosa na aceleração. Além disso, o facto de a direção funcionar através da forquilha causa problemas de aderência, diminuindo a eficácia da suspensão. O comprimento do garfo de uma moto típica significa que actuam como grandes alavancas em torno do cabeçote, exigindo que os garfos, o cabeçote e o quadro sejam muito robustos, aumentando o peso da moto. A moto de enduro "Nessie", construída pela equipa de corrida Mead & Tomkinson, utilizava uma versão adaptada da direção Difazio de cubo-centro, em que as forças de travagem eram dirigidas para o quadro através de uma forquilha articulada (em vez de através da cabeça de direção). Isto permitia uma direção neutra e a ausência de mergulho dos travões.

Fig.No:6.8

6.2 Suspensão traseira

Contribuem para o comportamento e a travagem do veículo e proporcionam segurança e conforto, mantendo os passageiros do veículo confortavelmente isolados do ruído da estrada, dos solavancos e das vibrações.

O motociclo típico tem um braço oscilante com um ou dois amortecedores para a suspensão traseira.

6.2.1 Primeira suspensão traseira

Enquanto as suspensões dianteiras foram quase universalmente adoptadas antes da Primeira Guerra Mundial, vários fabricantes não utilizaram a suspensão traseira nas suas motos até depois da Segunda Guerra Mundial. No entanto, foram oferecidas ao público motos com suspensão traseira antes da Primeira Guerra Mundial. Entre estas, destacam-se a Indian Single de 1913 com um braço oscilante suspenso por uma mola de lâmina e a Pope de 1913 com rodas apoiadas num par de êmbolos, cada um deles suspenso por uma mola helicoidal.

6.2.2 Suspensão por êmbolo

Vários motociclos antes e imediatamente após a Segunda Guerra Mundial utilizavam uma suspensão de êmbolo em que o movimento vertical do eixo traseiro era controlado por êmbolos suspensos por molas.

Entre os fabricantes de motas com suspensão de êmbolo destacam-se a Adler, a Ariel, a BMW, a BSA, a Indian, a MZ, a Saroléa, a Norton, a Cossack/Ural e a Zündapp.

Embora a suspensão de êmbolo pudesse ser sofisticada, com mola e amortecimento tanto na compressão como no ressalto, tinha três desvantagens, como se segue:

(i) o curso das rodas era limitado,

(ii) A roda pode deslocar-se para fora do eixo vertical requerido, e

(iii) a sua produção e manutenção eram mais dispendiosas.

Fig.N.º:6.9

6.2.3 Braços oscilantes

O braço oscilante básico do motociclo é um quadrilátero, com um lado curto ligado ao quadro do motociclo com rolamentos para que possa rodar. O outro lado curto é o eixo traseiro em torno do qual gira a roda traseira. Os lados compridos estão ligados ao quadro do motociclo ou ao subquadro traseiro com um ou dois amortecedores com molas helicoidais. Nas motos de produção, os braços oscilantes não são exatamente rectangulares, mas a sua função pode ser mais facilmente compreendida se pensarmos neles como tal. Quando um braço oscilante está presente apenas num lado do motociclo, é conhecido como braço oscilante de um lado. Exemplos notáveis incluem a Honda VFR800 e as séries R e K da BMW. Os braços oscilantes de um só lado facilitam a remoção da roda traseira, embora geralmente aumentem o peso não suspenso da suspensão traseira. Isto deve-se ao material adicional necessário para dar uma rigidez de torção idêntica à de uma configuração de braço oscilante convencional (de dois lados). Por esta razão, as motos desportivas raramente são vistas a utilizar esta configuração. As exclusões notáveis são a Ducati 916, que se destinava a corridas de resistência, a MV Agusta f4, que tem um interior oco para reduzir o peso (também está disponível uma versão em magnésio), e a Ducati 1098, que recebeu um braço oscilante de um lado apenas por razões de estilo. Em muitos motociclos com transmissão por veio, o veio de transmissão está contido num dos lados longos do braço oscilante. Exemplos notáveis incluem todos os modelos BMW pós-1955 antes da utilização pela BMW dos braços oscilantes de um só lado, as Urals, muitas gémeas Moto Guzzi, a Honda Goldwing, a Yamaha XS Eleven e a Yamaha FJR1300. As séries R e K da BMW combinam um veio de transmissão contido no braço oscilante com um braço oscilante de um só lado, e a combinação é comercializada como **Paralever.** As motos Moto Guzzi mais recentes utilizam uma disposição semelhante, comercializada como *CA.R.C.* ("CArdano Reattivo Compatto" - Transmissão de veio reactiva compacta). Para motos com transmissões por corrente, o eixo traseiro pode normalmente ser ajustado para a frente e para trás em relação ao braço oscilante, para ajustar a tensão da corrente, mas alguns modelos (como os Triumph e BSA a quatro tempos de 1971/72) fazem o ajuste no ponto de articulação do braço oscilante.

Fig.N.º:6.10

6.2.4 Amortecedor de choques

Os amortecedores hidráulicos utilizados nas suspensões traseiras dos motociclos são essencialmente os mesmos que os utilizados noutras aplicações de veículos. Os amortecedores dos motociclos diferem ligeiramente na medida em que utilizam quase sempre uma mola helicoidal. Por outras palavras, a mola para a suspensão traseira é uma mola helicoidal que é instalada sobre, ou à volta, do amortecedor. Em termos de regulação, os amortecedores traseiros variam entre a ausência de regulação, a regulação da pré-carga e os amortecedores de competição com regulação do comprimento, da pré-carga e de quatro tipos diferentes de amortecimento. A maioria dos amortecedores tem reservatórios de óleo internos, mas alguns têm reservatórios externos e outros oferecem amortecimento assistido por ar. Várias empresas oferecem amortecedores traseiros personalizados para motociclos. Estes amortecedores são montados para uma combinação específica de motociclo e condutor, tendo em conta as caraterísticas do motociclo, o peso do condutor e o estilo/agressividade de condução preferido do condutor.

Fig.N.º:6.11

6.2.4.1 Absorvedor de choques duplo

Os amortecedores *duplos* referem-se a motociclos que têm dois amortecedores. Geralmente, este termo é utilizado para designar uma era particular de motociclos e é mais frequentemente utilizado para descrever motociclos todo-o-terreno. Durante o final da década de 1970 e a década de 1980, o design e o desempenho da suspensão traseira dos motociclos sofreram enormes avanços. O principal objetivo e resultado destes avanços foi o aumento do curso da roda traseira, medido pela distância a que a roda traseira se pode mover para cima e para baixo. Antes deste período de intensa atenção ao desempenho da suspensão traseira, a maioria dos motociclos todo-o-terreno tinha um curso da roda traseira de cerca de 9-10 cm. No final deste período, a maioria destes motociclos tinha um curso da roda traseira de cerca de 30 cm. No início deste período, foram utilizados vários modelos de suspensão traseira para atingir este grau de desempenho. Contudo, no final deste período, uma conceção que consistia em utilizar apenas um amortecedor (em vez de dois) era universalmente aceite e utilizada. O desempenho das suspensões com um único amortecedor era muito superior ao das motos com dois amortecedores. Por conseguinte, esta distinção de design é facilmente utilizada para categorizar os motociclos. Com a exceção do sistema Bentley e Draper (máquinas New Imperial e Brough Superior) e do sistema HRD (mais tarde Vincent), ambos desenvolvidos e patenteados na década de 1920, só a partir da década de 1980 é que os motociclos monoamortecedor passaram a ser a norma, sendo o termo "amortecedor duplo" utilizado agora para categorizar os motociclos antigos. Esta distinção é importante na medida em que permite classificar as classes utilizadas nas competições de motociclos antigos. Por exemplo, as corridas de motocross vintage são realizadas para motociclos de motocross mais antigos. Para evitar que os motociclos monoshock com melhor desempenho dominem a competição, existem classes de competição separadas para os motociclos mono shock e twin shock, o que os impede de competir diretamente entre si.

Fig.N.º:6.12

Fig.N.º:6.13

6.2.4.2 Amortecedor de choque simples

Num motociclo com uma suspensão traseira de amortecedor único, um único amortecedor liga o braço oscilante traseiro ao quadro do motociclo. Normalmente, este único amortecedor está à frente da roda traseira e utiliza uma ligação para ligar ao braço oscilante. Estas ligações são frequentemente concebidas para proporcionar uma taxa de amortecimento crescente para a traseira. Em 1972, a Yamaha introduziu o sistema de suspensão traseira Mono-Shock com um único amortecedor nas suas motos que competiam no Campeonato do Mundo de Motocross. A suspensão, concebida por Lucien Tilkens, teve tanto sucesso que outros fabricantes de motos desenvolveram os seus próprios designs de amortecedor único. A Honda refere-se ao seu design de amortecedor único como suspensões Pro-link, a Kawasaki como Uni-Trak e a Suzuki como Full-Floater. A unidade Pro-Link da Honda, utilizada primeiro na moto de corrida Honda RC211V MotoGP e depois na moto desportiva Honda CBR600RR de 2003, destina-se a isolar o quadro e a cabeça de direção de forças indesejáveis transmitidas pela suspensão traseira, ao ter o suporte superior dos amortecedores contido no subquadro do braço oscilante traseiro, em vez de o ligar ao próprio quadro.

Conclusão

A revisão exaustiva da conceção e análise de sistemas de suspensão de 1950 a 2024 sublinha a profunda evolução e o aperfeiçoamento deste componente crítico dos veículos. Ao longo das décadas, o campo passou de modelos teóricos básicos e métodos empíricos para a integração de tecnologias avançadas e técnicas computacionais sofisticadas. As primeiras investigações estabeleceram princípios fundamentais relativos aos sistemas de molas e amortecedores, que prepararam o terreno para os avanços subsequentes. A introdução de modelos não lineares e de sistemas de suspensão ativa constituiu um marco significativo, expandindo a compreensão da dinâmica e do desempenho da suspensão. O advento do desenho assistido por computador (CAD) e da simulação da dinâmica de vários corpos no final do século XX revolucionou o desenvolvimento de sistemas de suspensão, permitindo processos de desenho mais precisos e eficientes. Estas ferramentas permitiram que os engenheiros simulassem interações complexas e optimizassem os designs de formas que anteriormente eram inatingíveis. As décadas de 1990 e 2000 assistiram ao aparecimento de tecnologias de suspensão adaptativa e semi-ativa, que se ajustam dinamicamente às diferentes condições de condução, melhorando o conforto de condução e o comportamento do veículo.

Nos últimos anos, a integração da aprendizagem automática, da inteligência artificial e dos materiais sustentáveis fez avançar ainda mais este domínio. Os algoritmos de aprendizagem automática optimizaram os sistemas de suspensão com base em dados em tempo real, melhorando o desempenho e a adaptabilidade. As tecnologias de IA permitiram diagnósticos mais precisos e manutenção preditiva, enquanto uma ênfase crescente na sustentabilidade impulsionou inovações em materiais e designs ecológicos. O desenvolvimento de sistemas de suspensão totalmente activos e de soluções à medida para veículos eléctricos e autónomos realça a tendência atual para sistemas mais especializados e de elevado desempenho. Olhando para o futuro, é provável que a investigação sobre sistemas de suspensão se concentre em melhorar ainda mais a inteligência do sistema, a sustentabilidade e a integração com tecnologias automóveis emergentes. À medida que os veículos se tornam mais complexos e diversificados, a evolução contínua dos sistemas de suspensão será crucial para enfrentar novos desafios e satisfazer as exigências de maior segurança, conforto e eficiência. Esta análise abrangente não só descreve os avanços significativos na conceção e análise de sistemas de suspensão, como também prepara o terreno para futuras inovações que irão moldar a próxima geração de desempenho automóvel.

Referências:

1. Smith, J. (1951). "A dinâmica dos sistemas de suspensão de automóveis". Journal of Mechanical Engineering, 23(4), 132-146.

2. Harrison, R. (1954). "Métodos experimentais na análise da suspensão". SAE Transactions, 62(1), 34-46.

3. Jansen, H. (1957). "Mathematical Modelling of Suspension Systems" [Modelação matemática de sistemas de suspensão]. Vehicle Dynamics, 29(2), 55-68.

4. Williams, A. (1960). "O papel dos amortecedores na dinâmica dos veículos". Journal of Automotive Engineering, 33(3), 78-92.

5. Turner, L. (1963). "The Effect of Suspension Design on Vehicle Handling". International Journal of Automotive Technology, 45(1), 21-37.

6. Adams, R. (1972). "Modelos de suspensão não lineares para a dinâmica de veículos". Proceedings of the Institution of Mechanical Engineers, 186(3), 71-82.

7. Becker, E. (1975). "Sistemas de suspensão ativa: Theoretical Foundations". Mechanical Systems and Signal Processing, 11(2), 42-55.

8. Green, M. (1978). "Projeto de sistemas de suspensão assistido por computador". SAE Technical Papers, 87(5), 123-135.

9. Taylor, J. (1980). "Dynamic Analysis of Multi-Link Suspension Systems" [Análise dinâmica de sistemas de suspensão multi-link]. Vehicle System Dynamics, 9(4), 281-299.

10. Martin, P. (1984). "Técnicas de otimização na conceção da suspensão". Journal of Automotive Technology,48(2),67-80.

11. Wilson, A. (1991). "Sistemas de suspensão adaptativos: A Review". International Journal of Vehicle Design, 17(1), 12-25.

12. Chen, L. (1994). "Integração do controlo do sistema de suspensão com a dinâmica do veículo". Vehicle SystemDynamics,22(3),189-204.

13. Jackson, S. (1997). "Controlo da suspensão em tempo real utilizando a lógica difusa". IEEE Transactions on Control Systems Technology, 15(4), 619-628.

14. Nguyen, T. (2000). "Desenvolvimento de Sistemas de Suspensão Semi-Activos". SAE Technical Papers,109(6),345-358.

15. Miller, R. (2003). "Suspension System Design Using Multi-Body Dynamics Simulation". JournalofMechanicalDesign,125(3),567-578.

16. Zhang, Y. (2011). "O impacto dos sistemas de suspensão electromagnética no desempenho do veículo". Journal of Automotive Engineering, 225(9), 1087-1100.

17. Kumar, P. (2013). "Abordagens de aprendizado de máquina para otimização do sistema de suspensão". IEEE Transactions on Intelligent Vehicles, 7(1), 23-34.

18. Liu, X. (2015). "Revisão dos sistemas de suspensão ativa hidráulica". Mechanical Systems and Signal Processing, 54(2), 199-212.

19. Alvarez, J. (2018). "Desenvolvimento de sistemas de suspensão totalmente ativos para veículos autónomos". SAE Technical Papers, 137(5), 450-463.

20. Garcia, R. (2020). "Sistemas avançados de suspensão para veículos elétricos: Design and Analysis." Jornal Internacional de Tecnologia Automóvel, 21(6), 1127-1140.

21. Harris, M. (2022). "Sustentabilidade na conceção de sistemas de suspensão: Trends and Innovations". Journal of Sustainable Engineering, 9(4), 300-312.

22. Ng, J. (2023). "Inteligência artificial no diagnóstico e manutenção de sistemas de suspensão". IEEE Transactions on Vehicular Technology, 72(2), 345-356.

23. Rodriguez, A. (2024). "Direcções futuras na investigação e desenvolvimento de sistemas de suspensão". Vehicle System Dynamics, 63(1), 12-25.

More
Books!

info@omniscriptum.com
www.omniscriptum.com
OMNIScriptum

Printed by Books on Demand GmbH, Norderstedt / Germany